土木工程施工与工程项目管理研究

王晶莹　刘宏睿　陈厚民　著

哈尔滨出版社
H.P.H
HARBIN PUBLISHING HOUSE

图书在版编目（CIP）数据

土木工程施工与工程项目管理研究／王晶莹，刘宏睿，陈厚民著. -- 哈尔滨：哈尔滨出版社，2024.7.
ISBN 978-7-5484-8051-8

Ⅰ. TU7

中国国家版本馆 CIP 数据核字第 2024QQ2121 号

书　　名：土木工程施工与工程项目管理研究
　　　　　TUMU GONGCHENG SHIGONG YU GONGCHENG XIANGMU GUANLI YANJIU

作　　者：王晶莹　刘宏睿　陈厚民　著
责任编辑：刘　硕
封面设计：赵庆旸

出版发行：哈尔滨出版社（Harbin Publishing House）
社　　址：哈尔滨市香坊区泰山路 82-9 号　　邮编：150090
经　　销：全国新华书店
印　　刷：北京虎彩文化传播有限公司
网　　址：www. hrbcbs. com
E-mail：hrbcbs@yeah. net
编辑版权热线：（0451）87900271　87900272
销售热线：（0451）87900202　87900203

开　　本：787mm×1092mm　1/16　　印张：10　　字数：204 千字
版　　次：2024 年 7 月第 1 版
印　　次：2024 年 7 月第 1 次印刷
书　　号：ISBN 978-7-5484-8051-8
定　　价：48.00 元

凡购本社图书发现印装错误，请与本社印制部联系调换。
服务热线：（0451）87900279

前 言

　　土木工程作为支撑现代社会发展的关键领域，其重要性不言而喻。它不仅是社会进步的标志，也是推动经济增长和社会发展的关键力量。然而，随着全球对可持续发展的日益重视，土木工程行业面临着前所未有的难题——如何在满足人类需求的同时，减少对自然资源的依赖和对环境的影响。

　　近年来，中国在土木工程领域的突破，如超大型基础设施项目的成功实施，展示了我国在施工控制和力学方面的显著进步。这些成就不仅提升了施工效率，也促进了更先进的技术和方法的应用，为未来的工程实践树立了典范。同时，响应可持续发展的号召，建筑业正在积极调整，力求在施工过程中减少对环境的负面影响，比如降低噪声污染、减少废弃物和节约资源。

　　尽管如此，绿色施工理念的普及和推进仍面临诸多障碍。许多承包商对绿色施工的认识尚浅，实施策略往往流于表面，缺乏主动性和系统性。这反映了其对绿色施工价值理解的不足，以及在管理制度上的欠缺。要消除这些障碍，我们需要提高全行业的环保意识，建立完善的管理体系，鼓励创新技术和优化施工流程。

　　鉴于土木工程项目的复杂性和独特性，每一项工程都要求细致规划和精准执行。从前期的地质勘察、设计到施工阶段的现场管理，再到后期的质量检验，每一个环节都至关重要。因此，一本全面探讨土木工程施工与项目管理的图书显得尤为必要。它不仅要涵盖理论知识，如工程力学、材料学等，还应包括实际操作指南，比如施工组织设计、进度控制、成本管理和质量管理等。

　　本书旨在为读者提供一个系统的学习框架，通过深入剖析土木工程的核心概念和实践案例，帮助读者构建起扎实的专业基础。编写过程中，我们广泛搜集和整理了来自国内外的最新研究成果，力求内容的准确和与时俱进。我们深知，任何作品都有改进的空间，故在此恳请读者提出宝贵意见，以便我们不断完善和提升。

目 录

第一章

土木工程基础理论

第一节　土木工程概述

一、土木工程的定义

土木工程，按照国务院学位委员会的界定，是一门囊括了建造各类工程设施的综合性科学技术，其领域极广，涵盖了从设计、施工到维护管理的全过程。这一定义揭示了土木工程三个层面的内涵：

首先，土木工程聚焦于工程设施本身，涉及人类生活的方方面面。从地上至地下，从陆地到水域，无论是直接服务于日常生活、生产作业，还是支持科研、国防的基础设施，皆在其范畴之内。这包括了住宅楼、道路、铁路、管道、隧道、桥梁、运河、堤坝、水库、飞机场、海洋平台、给排水系统、防灾设施等一系列工程实体。

其次，土木工程关注于工程材料与机械设备。它不仅涉及建筑材料的研制与选择，还包括了用于生产和施工的各类机械设备，确保工程的高效与质量。

再次，土木工程是一门学科，它集合了前期的勘察、规划、设计，到中期的施工、监测，直至后期的维护、改造等各个环节的科学技术。这门学科覆盖了实验技术，如材料性能测试、结构性能评估及工程安全检测，以及生产技术活动，如施工管理与运行维护。

随着时间的推移，土木工程衍生出了众多分支学科，如房屋建筑、交通工程（道路、铁路、飞机场）、桥梁、隧道与地下工程、特种结构工程、给排水工程、城市供热与供气工程、港口工程及水利水电工程等。其中，某些分支，例如水利工程，由于其特定的工程对象和技术的不断发展，已经形成了相对独立的学科体系，但仍保留着与土木工程密切相关的共性特征。

综上所述，土木工程是一个多元化的领域，它在推动社会进步、保障民生福祉方面发挥着不可替代的作用，同时也持续吸纳着新的技术和理念，以适应不断变化的需求。

二、土木工程的特点

土木工程，作为一门应用科学技术，展现出了多个显著的基本属性，这些属性共同塑造了其独特的学科性质和实践特征。

首先，综合性是土木工程的核心特质之一。每一项工程的实现都需要跨学科知识的综合应用，涵盖地质、测量、力学、设计、材料科学、机械、经济、管理等多个领域，体现了学科之间的交叉融合和相互支撑，使其成为一个涉及面广泛的综合性学科。

其次，社会性表明土木工程的发展与人类社会进步紧密相连，它既是社会发展的产物，也是其见证者。从古代简陋的住所和通道，到雄伟的长城、精巧的都江堰灌溉系统，再到现代的摩天大楼和高速铁路网络，土木工程反映了不同时代的社会经济、文化、科技水平，是文明演进的直观体现。

再次，实践性强调了土木工程的实操性和经验积累的重要性。历史上，许多工程实践先于理论研究，成功与失败的经验教训推动了学科理论的形成与发展。自17世纪以来，力学原理逐步融入土木工程，使之从经验主义向科学化转变。然而，直到今天，工程问题的解决仍很大程度上依赖实践经验，特别是在面对未曾预见的挑战时。

复次，技术、经济和艺术的统一性体现在土木工程致力于创造既实用又美观、成本效益高的工程设施。工程项目的经济性、技术可行性和审美价值需要平衡考虑，从选址、设计到施工，每一步都会对工程的总体成本和长期效益产生深远影响。

最后，建造过程单项性意味着土木工程项目往往具有独特性，遵循特定的设计和施工方案，尤其在自然环境下施工，面临着气候、地质等多种不确定因素的考验。因此，质量和安全管理在土木工程的实施过程中至关重要，以确保项目顺利进行并达到预期目标。

综上所述，土木工程的这些属性构成了其复杂而丰富的学科面貌，反映了人类智慧与自然环境之间的互动，以及在不断进步中寻求和谐共生的努力。

第二节　土木工程材料

一、土木工程材料概述

（一）土木工程对材料的要求

在土木工程中，材料的选择与应用是确保工程整体性能的关键环节，直接影响到结构的安全性、功能性、美学价值、使用寿命及经济成本。理想的土木工程材料应当具备一系列核心特性，以满足工程的多元需求。

首先是足够的强度，材料必须能够可靠地承载设计时预定的荷载，无论是静态的还是动态的，以确保结构的稳定性和安全性。这不仅关系到建筑物的直接使用，还涉及用户的生命财产安全。

其次，轻质性也是考量材料优劣的重要标准，即较低的表观密度。更轻的材料可以有效减轻下部结构和地基的承重压力，这对于高层建筑、桥梁及跨越敏感地形的工程尤为重要，有助于减少基础工程的成本和复杂度。

再次，耐久性是衡量材料品质的另一关键指标。材料应当具备与使用环境相匹配的持久性，能够抵抗自然侵蚀、化学腐蚀及物理磨损，从而延长工程的使用寿命，减少维护频率和相关费用。

对于装饰性材料，其除了满足基本的功能要求外，还应追求美感与艺术效果，能够提升建筑物的外观吸引力和空间体验，反映设计者的创意和使用者的品味。

针对特殊功能材料，比如屋面材料，其应具备良好的隔热和防水性能，楼板和内墙材料则需有优秀的隔声效果，这些定制化的特性旨在满足具体使用场景的需求，提高居住或工作环境的舒适度。

最后，环保性是当代材料选择中不可忽视的原则。理想的材料生产过程应尽量降低能耗和资源消耗，减少废弃物排放，符合可持续发展的理念，这对保护生态环境、应对气候变化具有长远意义。

总之，土木工程材料的优选与合理利用，是实现工程结构安全可靠、经济高效、美观耐久和环境友好的综合保障，是连接设计理念与实际建造之间的重要桥梁。

（二）土木工程材料的分类

土木工程材料根据材料的来源，可分为天然材料和人工材料；根据材料的功能，可分为结构材料，装饰材料，防水材料，绝热材料，吸声、隔声材料等；根据组成物质及化学成分，可以分为无机材料、有机材料和复合材料。

二、木材、砂、石材

（一）木材

木材，作为历史最为悠久的建筑材料之一，其独特的属性赋予了它在建筑领域中不可替代的地位。木材具有天然的绝缘性能，对热、声、电的传导性较低，这使得它成为一种优秀的隔热和隔音材料。其良好的弹性和塑性意味着木材能够承受冲击和振动，同时，木材易于加工的特性让建筑师和工匠能够将其塑造成各种所需的形状，而美丽的木纹更是增添了视觉上的享受。木材在干燥环境或是长期浸泡在水中都能表现出较好的耐久性，这得益于其内部结构的天然优势。

然而，木材并非没有缺点。由于其构造的不均匀性，木材容易受到湿度变化的影响，吸湿或吸水会导致木材的形状、尺寸发生改变，进而影响其强度和力学性能。长期处于干湿交替的环境下，木材的耐久性会大大降低，且木材的易燃性和易腐性也限制了其在某些场合的应用。此外，天然生长过程中形成的瑕疵，如节疤、裂纹等，也会影响木材的美观和强度。

木材源于树木，根据树叶的形态，树木可大致分为两类：针叶树和阔叶树。针叶树种，如杉树和松树，以其平直的纹理、均匀的材质和相对柔软的木质而著称，这些特点使得针叶木材易于加工，变形小，因此在建筑中被广泛应用于承重构件和装修材料。相比之下，阔叶树种，如水曲柳和柞木，木质更为紧密和坚硬，纹理丰富美观，它们更适合于室内装修和高档家具的制作，为居住空间增添了一份自然的温馨与雅致。

木材的宏观构造如图 1-1 所示。

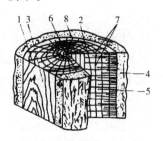

图 1-1　木材的宏观构造

1—横切面；2—径切面；3—弦切面；4—树皮；5—木质部；6—髓心；7—髓线；8—年轮

木材的构造特点决定了木材的各种力学性质具有明显的方向性。木材的强度主要指其抗拉、抗压、抗弯和抗剪强度。木材在顺纹方向（作用力与木材纵向纤维平行的方向）的抗拉和抗压强度要比横纹方向（作用力与木材纵向纤维垂直的方向）高得多。

（二）砂

砂，作为混凝土和砂浆不可或缺的组成部分，扮演着举足轻重的角色。依据来源的不同，砂主要分为两大类别：天然砂与人工砂。天然砂，源自自然界的馈赠，是岩石历经风化过程后，分解而成的由多种矿物颗粒构成的混合物。这类砂石按其形成环境，又细分为河砂、海砂及山砂。河砂与海砂，因水流作用而多呈现圆润的颗粒形状，表面光滑，这虽然赋予了它们较高的洁净度，尤其是河砂，使其在实际应用中更为广泛，但同时也导致了与水泥结合时的黏结力相对较弱。相反，山砂的颗粒多带有棱角，表面较为粗糙，这样的特性显著增强了与水泥的黏结效果。

人工砂则是人类智慧的产物，通过机械手段对原料进行破碎与筛分，我们得到粒径小于 4.75 毫米的岩石颗粒。值得注意的是，这一过程会排除软质岩和风化岩石的颗粒，确保了人工砂的品质。人工砂中的另一品种——混合砂，则是将机制砂与天然砂按一定比例混合而成，旨在结合两者的优点，达到更佳的使用效果。

总而言之，砂的选择与使用，不仅关系到混凝土和砂浆的性能表现，还直接影响着建筑工程的质量与耐久性。无论是自然的馈赠还是科技的结晶，砂的多样性和功能性使其在建筑领域中展现出独特魅力。

（三）石材

石材，作为一种历史悠久的建筑材料，自古以来便以其卓越的物理性能和美学价值受到青睐。它不仅展现出极高的抗压强度，而且具备出色的耐磨性和耐久性，即便历经岁月洗礼，仍能保持其原始风貌。经过精细加工，石材可呈现出丰富的纹理和色彩，成为装饰建筑的点睛之笔。加之其广泛的分布和丰富的储量，石材易于获取，成本效益高，尤其适合于那些靠近采石场的地区，便于就地取材，减少了运输成本。

天然石材主要源于地球上的三大岩石类型：火成岩、沉积岩和变质岩。每种岩石因其独特的形成条件，展现出不同的质地和特性，满足了建筑设计的多样化需求。为了标准化石材的使用，行业根据石材在吸水饱和状态下的抗压极限强度平均值，将其划分为七个强度等级，从最高级 MU100 至最低级 MU20，这一分类体系确保了石材在各种应用场景中的安全性和适用性。不论是雄伟的公共建筑，还是精致的私人住宅，天然石材都能以其实用性和美观性，为人类的居住空间增添一份永恒的魅力。

三、胶凝材料、混凝土和砂浆

（一）胶凝材料

在土木工程领域，胶凝材料扮演着至关重要的角色，它们通过一系列物理与化学反应，能够有效地将散粒状或块状材料粘结为一个坚固的整体。依据化学组成的差异，胶凝材料大致被归类为无机与有机两大类别。无机胶凝材料包括但不限于石膏、石灰、水玻璃及水泥，这些材料通常源自自然界，经过加工处理后展现出优秀的硬化性能和耐久性，适用于构筑结构稳定的基础和墙体。而有机胶凝材料，如沥青与各类合成树脂，则以其良好的柔韧性、防水性和化学稳定性著称，广泛应用于道路铺设、防水工程及复合材料制造中。无论是无机还是有机胶凝材料，它们都在现代建筑与基础设施建设中发挥着不可替代的作用，确保了工程项目的质量和安全。

（二）混凝土

1. 混凝土的组成

混凝土，这一人造石材般的建筑材料，由胶凝材料、水、粗集料与细集料按照精确比例混合搅拌形成拌和物，随后经历固化过程而硬化成型。其多样化的类型主要依据其所使用的胶凝材料来区分，涵盖了水泥混凝土——最为人熟知的传统形式；沥青混凝土，以其优越的弹性和抗压性能常用于路面铺设；聚合物混凝土，结合了高分子聚合物增强材料，展现出了更高的强度和耐化学腐蚀能力；以及聚合物水泥混凝土，通过添加聚合物乳液改进了水泥基混凝土的性能。此外，根据混凝土的表观密度，我们又可将其分类为重混凝土、普通混凝土和轻混凝土，每种类型因其独特的物理特性而适用于不同的建筑工程需求。重混凝土，因含有高密度的集料，主要用于辐射防护或重荷载承重结构；普通混凝土则普遍应用在一般的建筑和结构工程中；而轻混凝土，由于其密度较低，常被用于保温隔热或减轻结构自重的场合。综上所述，混凝土的多样性赋予了它在现代建筑与土木工程中不可或缺的地位，满足了不同场景下的功能需求。

2. 混凝土的特点

混凝土作为一种多功能的建筑材料，其魅力在于能够通过调整组成成分的类型和配比，灵活地创造出具备特定性能的混合物，以适应广泛的应用需求。在未凝固的状态下，混凝土展现出极佳的可塑性，这使得它能够被轻松地浇筑并塑造为任意所需的形状和尺寸，无论是复杂的结构件还是庞大的构筑物均不在话下。其显著的抗压强度，结合优良的耐久性，使其成为理想的选择，尤其当与钢筋相结合时，形成的钢筋混凝土不仅增强了结构的承载能力，还确保了两者之间稳定的黏结效果，共同抵御外界环境的侵蚀和机械负荷。

混凝土的原材料来源广泛，通常包括水泥、砂石等，这些材料分布于全球各地，易于获取，且成本相对低廉，有利于大规模生产及施工。然而，尽管混凝土拥有诸多优势，它也存在一些局限性。其中最突出的是其较低的抗拉强度，这意味着在承受拉应力时，混凝土容易出现裂纹，且其断裂前的变形能力有限，往往表现为突然的脆性破坏。此外，混凝土的自重较大，对于设计轻量化结构或需要考虑材料重量限制的项目而言，这是一个不容忽视的考量因素。总体而言，混凝土的性能特征决定了它在建筑领域中的广泛应用，同时也对其在特定情况下的使用提出了挑战。

3. 普通混凝土

普通混凝土由水泥、水、砂和石子组成（图1-2）。为改善混凝土的某些性能，我们还常掺入适量的外加剂和矿物掺和料。常用的外加剂有减水剂、早强剂、引气剂、缓凝剂、速凝剂、防冻剂、泵送剂等。常用的矿物掺和料有粉煤灰、硅粉、粒化高炉矿渣、氟石粉等。

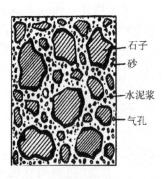

图1-2　普通混凝土结构示意

4. 钢筋混凝土和预应力钢筋混凝土

钢筋混凝土是指配置钢筋的混凝土。为克服混凝土抗拉强度低的弱点，我们在混凝土中合理地配置钢筋，这样可充分发挥混凝土抗压强度高和钢筋抗拉强度高的特点，使之共同承受荷载并满足工程结构的需要。

（三）砂浆

砂浆是一种复合材料，由胶凝材料如水泥或石灰、细集料如沙子、掺和料及适量的水按照特定比例均匀混合并硬化而成。这种材料在建筑工程中扮演着关键角色，主要用于砌筑作业，将砖块、石材或砌块粘结形成稳固的结构，同时也在抹灰、修复和美化建筑表面时不可或缺。砂浆的分类多样，依据其用途、胶凝材料的种类，以及是否预先混合，其可被区分出砌筑砂浆、抹面砂浆及预拌砂浆等。

砌筑砂浆作为砌体工程的基础，负责将单个的砌块粘合成整体结构，不仅传递结构荷载，还协调各部分的变形，保证砌体的完整性和稳定性。砂浆的强度等级，例如M2.5 至 M15，直接关联到其承压能力，对于关键部位的砌体，选用高强度等级的砂浆至关重要。

抹面砂浆则覆盖在建筑或构件的表面上，既起到防护基底的作用，也有美观功能。从普通的抹面砂浆到具有装饰效果、防水特性，乃至具备特殊功能如耐酸、保温或隔音的砂浆，抹面砂浆种类繁多，满足不同的设计和性能需求。

预拌砂浆则是指由专业厂家批量生产的砂浆，分为湿拌和干混两种形式。湿拌砂浆在工厂完成配料、搅拌过程，运输至施工现场即用，而干混砂浆则是在生产线上将干态的原料混合，待现场使用时再加水或其他组分搅拌。预拌砂浆的优势在于其品质控制严格、性能稳定，同时便于储存和运输，提供了更广泛的砂浆种类选择，满足现代建筑对砂浆性能和施工效率的要求。

四、砖、瓦、砌块

（一）砖

砖是重要的砌筑材料，根据生产工艺其可以被分为两类：通过焙烧工艺制得的烧结砖；通过蒸养或蒸压工艺制得的蒸养砖或蒸压砖（也称为免烧砖）。

1. 烧结砖

烧结砖是一种传统的建筑材料，广泛应用于建筑行业，主要包括烧结普通砖、烧结多孔砖和烧结空心砖三种类型。这些砖的制作工艺通常包括原料采集、配料、制坯、干燥、焙烧和成品处理等步骤。在焙烧过程中，砖坯在氧化气氛下烧制会形成红砖，这是因为砖中的铁元素被氧化成了三氧化二铁（Fe_2O_3），呈现红色。如果在烧成后我们对砖进行浇水并密封窑炉，创造一个还原环境，可以使砖内的三氧化二铁被还原成氧化亚铁（FeO），从而制得青砖，颜色为青灰色。

烧结普通砖的标准尺寸是 240 mm×115 mm×53 mm，考虑到砌筑时 10 mm 的砂浆缝隙，每立方米砌体大约需要 512 块砖。它们按照抗压强度分为 MU30、MU25、MU20、MU15、MU10 五个强度等级，同时根据尺寸偏差、外观质量、泛霜情况和石灰爆裂程度，划分为优等品、一等品和合格品三个质量等级。优等品适合用于清水墙面，而一等品和合格品则适用于混水墙面。

烧结多孔砖和烧结空心砖的生产流程与烧结普通砖类似，但多孔砖的特点是孔隙较多且较小，使用时孔洞方向应垂直于受力面，以增强结构的稳定性（图 1-3）。这类砖的强度等级同样有 MU30 至 MU10，主要用于六层以下建筑的承重墙体。相比之下，烧结空心砖的孔洞较大且数量较少，使用时孔洞方向应平行于受力面。空心砖的强度等级较低，一般为 MU10.0、MU7.5、MU5.0、MU3.5，主要用于非承重墙体，如内部隔墙或框架结构的填充墙。

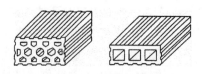

图1-3 烧结空心砖

这三种类型的烧结砖各有特点，根据其强度、尺寸和使用位置的不同，分别适用于建筑的不同部位和功能需求。

2. 蒸养（压）砖

蒸养（压）砖属于硅酸盐制品，是以石灰和含硅原料（砂、粉煤灰、炉渣、矿渣、煤矸石等）加水拌和，经成型、蒸养（压）制成。目前使用的蒸养（压）砖主要有粉煤灰砖、灰砂砖和炉渣砖等，其规格尺寸与烧结普通砖相同。

（二）瓦

瓦作为传统而经典的屋面覆盖材料，其种类繁多，各具特色。从材质上划分，市面上可见的瓦包括但不限于黏土瓦、水泥瓦、石棉水泥瓦（考虑到石棉的健康风险，现在较少使用）、钢丝网水泥瓦、聚氯乙烯（PVC）瓦、玻璃钢瓦及沥青瓦等。每种材料的瓦片都承载着不同的风格与功能，适应于各种建筑需求。

按形状区分，瓦片主要分为平瓦与波形瓦两大类。平瓦线条简洁，适合追求平整屋顶视觉效果的建筑设计；波形瓦则因起伏的波浪形设计，更显立体感与动感，适用于需要防水性能更强的屋顶结构。

为了确保产品质量，瓦片在生产过程中会被依据尺寸精度、外观质量及物理和力学性能进行严格分级。常见的分级标准包括优等品、一等品及合格品三个级别，部分产品可能简化为一等品与合格品两级评定体系。这样的分类方法旨在保证消费者能够根据实际需求选择最合适的瓦片，既满足美观要求，又确保房屋的安全与耐用性。

（三）砌块

砌块作为一种现代建筑材料，近年来因其施工便捷性和经济性而在全球范围内得到迅猛发展，不仅广泛应用于住宅和商业建筑的墙体砌筑，还拓展至构筑挡土墙、高速公路隔音屏障及其他各类砌体结构，展现了其多功能性和适应性。

按照砌块的基本特性，我们可以将其大致分为两大类别：实心砌块与空心砌块。其中，界定这两种类型的关键在于砌块的孔洞比例。具体而言，当砌块中平行于其承重面的孔洞面积占整个截面面积的比例低于25%，该砌块即被归类为实心砌块。反之，若这一比例达到或超过25%，则认定为具有较高孔洞率的空心砌块。空心砌块的孔洞率通常维持在30%到50%，这样的设计不仅减轻了砌块的重量，还有效提升了其保温隔热性能，从而在节能建筑中备受青睐。

砌块的这种分类方式，不仅便于生产和运输，也使得建筑师和工程师能够根据项目的特定需求，灵活选择最适宜的砌块类型，实现结构强度与经济效益的最佳平衡。

五、金属材料

在土木工程领域，金属材料扮演着不可或缺的角色，它们被细分为黑色金属与有色金属两大类。黑色金属以铁基材料为主，涵盖了生铁及各种钢材，而有色金属则包括了非铁基的金属及其合金，如铝合金和铜合金。这些材料各自具备独特的物理与化学特性，满足了不同工程需求。

钢材，作为土木工程中最常见的金属材料，其应用范围覆盖了从基础设施建设如铁路与桥梁，到民用建筑中的钢筋混凝土结构及钢结构。钢材生产过程中我们遵循严格的质量控制标准，确保其质地均匀且结构致密。它展现出卓越的力学性能，包括高抗拉、抗压、抗弯及抗剪切强度，同时其在常温下能承受较大的冲击与振动负荷。钢材的塑性与韧性良好，支持多种加工方式，如铸造、锻压、焊接、铆接和切割，这使其在构件组装时极为便利。然而，钢材的耐火性能较弱，并易受腐蚀，需要定期维护以延长使用寿命。

铝合金及其制品在现代土木工程中亦占有重要地位。纯铝经过加工可转化为铝粉，应用于加气混凝土的发泡过程或作为防腐涂层。通过向铝中添加锰、镁、铜、锌等元素，我们可制得强度与硬度大幅提升的铝合金。利用电化学处理技术，铝合金表面可呈现多样的色彩，增强了美观性。借助热挤压、轧制和铸造等工艺，铝合金能被加工成门窗、龙骨、压型板、花纹板及管材等多种产品。其中，压型板与花纹板不仅可直接用于墙面与屋面的装饰，还能与绝热材料结合，形成轻质的隔热保温复合材料，提升建筑的能源效率。

金属材料的多样性和可加工性，为土木工程项目提供了丰富的选择，同时也促进了工程技术的不断创新与发展。

六、高分子材料及功能材料

（一）高分子材料

在土木工程领域，高分子材料及其复合材料的应用日益广泛，这些材料由高分子化合物构成，亦称高分子聚合物，这类材料的分子结构由多个相同的简单单元通过共价键，有时是离子键，按照一定的规律重复连接而成。无论是自然界的蛋白质、淀粉和纤维，还是人工合成的塑料和橡胶，都属于高分子化合物的范畴。

合成高分子材料在土木工程中展现出卓越的性能，它们的加工性能优良，质量较轻，热导率低，具备良好的化学稳定性和电绝缘性，同时功能可设计性强，装饰效果出众。不过，这类材料也存在一些局限性，比如易受老化影响、耐热性较差及易燃性，因此在实际应用中我们需要特别留意这些特性。

土木工程中常见的高分子材料主要涉及塑料和胶黏剂。塑料因其易于成型、耐腐蚀和良好的绝缘性能，在管道、门窗、防水膜等应用中大放异彩；胶黏剂则在结构连接、密封、修补及复合材料的制造过程中发挥着不可或缺的作用，它能有效结合不同材质，形成性能更为优异的复合结构。综上所述，高分子材料及其复合材料凭借其独特的性质和多功能性，在推动土木工程材料的革新和提升建筑物的性能方面扮演着重要角色。

（二）功能材料

土木工程中的功能材料是以材料的力学性能以外的功能为特征的材料，功能材料的主要作用有防水密封、保温隔热、吸声、隔声等。

第三节　工程结构设计基本概念

一、力、力矩、力偶和平衡

（一）力

力是描述物体间有方向的相互作用的一种物理概念，它能够引起物体形状的变化或者改变其运动状态，包括运动方向的改变或同时产生上述两种效果。作为矢量，力不仅具有大小（量值），还具备特定的方向。矢量可以被可视化为带有箭头的线段，其中箭头指示了力的方向，而线段的长度按一定比例对应力的大小。

一个典型的力的例子是重力，它是地球对物体施加的吸引力。重力的方向总是指向地球的质心，即垂直向下，因此也常被称为地球引力。当表示重力时，我们可以通过一个有方向的线段来描绘，该线段从物体的重心出发，指向地面，其长度依据力的大小按比例绘制，箭头明确指示了力的方向。

力的概念对于理解和预测物体如何响应外在作用至关重要，它在物理学和工程学中有着广泛的应用，帮助我们分析和计算物体的平衡状态、运动轨迹及结构的稳定性。通过对力的研究，科学家和工程师能够设计出更加安全和高效的建筑、机械和交通工具。

（二）力矩

力对物体的作用不仅限于引起平移运动，它还能产生转动效应。平移运动的效应主要由力矢量的大小和方向决定，而转动效应则涉及力矩的概念。在力学中，力矩是衡量力产生转动趋势的物理量，它取决于力的大小、方向及力作用点到转动中心的距离。

在二维平面问题中，力矩通常被视为一个标量，其正负号用来表示转动的方向。当力的作用导致物体绕着某个点逆时针旋转时，力矩被赋予正值；相反，若力导致顺时针旋转，则力矩为负值。这样的定义便于分析力对物体转动的影响。

而在三维空间问题中，力矩同样可以量化，但此时它是一个向量，其方向遵循右手螺旋法则，（图 1-4）。具体而言，如果你将右手的掌心面向自己，手指弯曲指向力的作用方向，那么当你将手指卷曲起来，它们会自然地指向力矩的转动方向。此时，你的拇指指向的就是力矩的正方向。如果这个方向与参考轴的正方向一致，那么力矩就被视为正值；反之，则为负值。这样，通过观察力矩围绕轴的旋转方向，我们可以判断其正负，逆时针转动对应正力矩，顺时针转动对应负力矩。

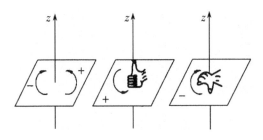

图 1-4　右手法则

　　力矩的单位是力和距离单位的乘积，最常用的单位是牛顿·米（N·m），有时我们也会使用牛顿·毫米（N·mm）或其他单位，这取决于具体的应用场景和尺寸尺度。力矩的概念在工程设计、机械操作和日常生活中都有广泛的应用，例如在拧紧螺栓、打开门扇或调整天平平衡时都会涉及力矩的计算。

（三）力偶

　　在日常生活和工业生产中，我们经常遇到一种特殊的力的组合现象，即物体同时承受两个大小相等、方向相反且作用线平行的力。这种力的配对并不构成平衡力系，而是形成了一种被称为力偶或者力矩对的力学系统，能够产生显著的转动效果。

　　比如，当汽车驾驶员转动方向盘时，他的双手分别施加了两个方向相反的力，这两个力大小相等，且作用线平行。尽管这些力相互抵消了直线运动的效应，但它们共同产生的扭矩却使得方向盘转动，进而控制车辆的方向。类似地，钳工在使用丝锥攻螺纹时，双手对扳手施加的力也是成对出现的，这些力虽然相对，但因为不在同一直线上，所以能够有效地产生旋转力，帮助丝锥深入材料中（图 1-5、图 1-6）。

　　再如，当我们拧开水龙头时，手指对水龙头开关两侧施加的力，也是一对大小相等、方向相反的力，它们合力产生的转动效应使得水龙头开启或关闭。这些例子都说明了力偶在实际应用中的重要性，它们不直接推动物体平移，而是促使其旋转，这是力偶区别于平衡力系的关键特征，也是其在工程技术和日常操作中不可或缺的原因。

　　因此，理解力偶的概念及其作用机制对于解决实际问题至关重要，无论是设计机械设备还是进行简单的手动操作，掌握力偶的原理都能帮助我们更有效地利用力来实现目标。

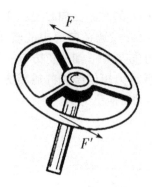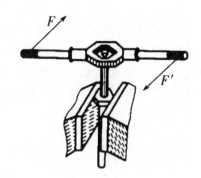

图 1-5　方向盘上的力偶　　　　图 1-6　丝锥扳手上的力偶

（四）平衡

在力学领域，平衡状态是一个核心概念，它指的是在惯性参照系中，当一个物体受到多个力的作用时，仍然能够维持其原有的运动状态——无论是静止不动，做匀速直线运动，还是以恒定角速度绕某一轴进行旋转。这种平衡状态是通过所有作用在物体上的外力和外力矩达到矢量和为零的条件来实现的。

在工程结构中，如建筑物和桥梁，平衡的概念尤为重要。为了确保安全和稳定，这些结构在正常工作条件下必须处于静力平衡状态。这意味着所有垂直方向上的力（例如重力和支撑反力）及水平方向上的力（例如风力和地震力）都相互抵消，结构不会发生任何加速运动。此外，力矩的平衡确保了结构不会发生扭转或倾斜。

同样，机械系统，如各种类型的机器，通常需要在动力平衡条件下运行。在这种情况下，除了要求力的平衡之外，还要保证力矩的平衡，以便机器可以以恒定的速度旋转或移动，而不会加速或减速。例如，发动机的飞轮被设计成具有足够的质量分布，以平衡内部各部件产生的离心力和力矩，从而避免振动和磨损，确保平稳运行。

总之，无论是静态结构还是动态系统，平衡都是确保其功能性和长期耐用性的关键因素。通过对力和力矩的精确计算与调整，工程师能够设计出既高效又稳定的建筑物、桥梁和机器，满足现代社会的各种需求。

二、外力、内力和反力

在土木工程结构中，力的概念被细分为外力、反力与内力三种。以独木桥为例，当有人携带重物行至桥的中跨轴线上，人体与重物的重力及木桥本身的重量共同构成了作用于桥上的外力 [图 1-7 (a)]。桥两端与地面接触点所承受的力，即桥座对桥身的支撑力，被称为反力 [图 1-7 (b-c)]。而观察桥身的变形，我们可以发现桥的下半部有伸长的趋势，上半部则呈现缩短，整个桥体出现弯曲和下垂的现象，这表明桥身内部存在着内力的作用。

这些内力具体表现为桥下半部的拉伸应力和上半部的压缩应力，导致桥体整体承受弯曲。进一步设想，如果桥的两端曾经被锯断再重新连接，当有人带着重物行走其上时，桥身会表现出剪切的迹象，仿佛在锯口处被分割。然而，现实中桥体并未被切割，即使在受力的情况下其仍保持完整，这说明在潜在的"切割"区域，实际上存在着剪切力的作用，抵抗着分离的趋势。

更进一步，如果将重物放置在桥的一侧，桥体将承受扭转载荷，表现为桥身的扭曲变形［图1-7（d）］。所有这些变形——拉伸、压缩、弯曲、剪切和扭曲——都是桥身内部应力作用的结果。当人与重物稳稳地停留在桥上，整个系统没有发生运动状态的改变，这表明所有作用力与反作用力达到了平衡，结构处于静力平衡状态。这种平衡是结构设计中至关重要的考量，确保了结构在正常使用条件下的安全与稳定。

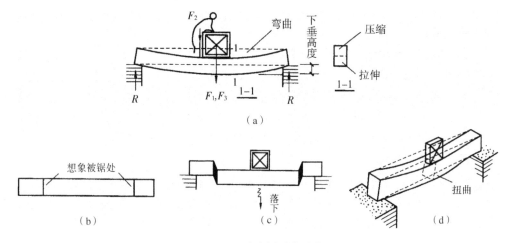

图1-7　独木桥受力示意

无论是规模宏大如铁路大桥，还是简易如独木小桥，所有的土木工程设施，不论其尺寸、重量或构造的复杂程度，都遵循着相同的力学原理，即在外部载荷、反作用力和内部应力的相互作用下维持着平衡状态。这种平衡是结构稳定性和安全性的基石，确保了工程设施能够在各种自然和人为条件下正常运行而不发生破坏。

土木工程结构的核心功能之一，便是通过一系列内力的基本作用，有效地将作用于其上的外力，如重力、风荷载、地震力等，通过结构基础传递至地基，即工程设施下方的土壤层。这一过程涉及拉伸、压缩、弯曲、剪切和扭转五种基本的内力作用，它们共同协作，确保结构的完整性并实现力的平稳过渡。

与此同时，地基对结构的响应表现为提供必要的反力，以平衡结构上的所有外力和内力，从而保持整个系统的静力平衡。这种力的传递和平衡机制是土木工程设计中的关键要素，它不仅关乎结构的力学性能，也直接影响到工程的经济性和耐久性。通过精确计算和优化设计，工程师能够确保每一座桥梁、每一条道路、每一栋建筑都能够安全、可靠地服务于人类社会，同时将对环境的影响降到最低。

三、荷载和作用

(一) 荷载

土木工程结构所承受的外力,即荷载,是土木工程师在设计和评估结构安全性时必须精确识别和量化的重要因素。荷载的种类和特性对结构的设计、材料选择及施工方法有着直接的影响。根据荷载随时间的变化特性,土木工程中的荷载大致可以分为三类:

1. 永久荷载 (恒载)

这类荷载在结构的使用期内持续存在,其值基本上不随时间变化,包括结构自重、围护结构如墙面、地面、屋面、桥面的重力,以及固定装置的重量。计算永久荷载时,我们通常是将构件的体积与所使用材料的单位体积重量(即容重)相乘得出。在建筑物中,承重结构的永久荷载往往占据总荷载的 50% ~ 70%。对于地下工程、挡土结构和隧道工程,其所承受的土压力和围岩压力也属于永久荷载的一部分。

2. 可变荷载 (活载)

与永久荷载不同,可变荷载在结构使用期间会随时间变化,其值可能增加也可能减少。这类荷载包括了人员、家具、设备的重量,风力、雪压、车辆荷载及温度变化引起的应力等。可变荷载的计算通常基于最不利条件下的最大值,以确保结构在所有可能的使用状态下都具有足够的安全裕度。

3. 偶然荷载

偶然荷载是指在结构使用期间不一定出现,但一旦发生,其值极大且持续时间短暂的荷载,如地震、爆炸、飞机撞击等突发事件所产生的荷载。这类荷载的不确定性要求结构设计时采取额外的预防措施,以增强结构的韧性和恢复力。

土木工程师的任务是准确地识别和评估所有可能的荷载类型及其在极端情况下的最大值,以确保结构设计的安全性和可靠性。荷载的单位通常采用千牛(kN)、千牛/米(kN/m)或千牛/平方米(kN/m^2)进行表示,这些单位反映了荷载的强度和分布特性。通过细致入微的荷载分析,工程师能够制定出既经济又安全的结构设计方案,满足结构在各种工况下的使用需求。

(二) 作用

除了直接作用于结构上的荷载,土木工程结构还会受到由间接因素引发的受力作用,这些作用同样对结构的稳定性和安全性产生重要影响,主要表现为以下三种形式:

1. 约束变形作用

这类作用最典型的例子是温差作用。在自然条件下,结构构件会因为日夜温差和季节变化而发生热胀冷缩,改变其形状和尺寸。然而,当这种变形受到约束,如结构连接处的限制,就会在结构内部产生应力,即所谓的温差作用。在现代高层建筑和大跨度桥梁设计中,我们必须充分考虑温差引起的内力,尤其是在温差变化剧烈的地区。

此外，钢结构在焊接过程中产生的残余应力也属于约束变形作用的一种。

2. 外加变形作用

地基沉陷是外加变形作用的典型表现。土木工程结构大多构筑于地基之上，而地基在承受结构重量和外部荷载时会发生变形，特别是不均匀沉降，这可能导致结构产生额外的内力，严重时甚至引起结构裂缝或倒塌。因此，在设计初期，评估地基的承载能力和变形特性是至关重要的。

3. 惯性作用

地震作用是惯性作用的最典型示例。当地震发生时，地面的震动会使结构产生水平和竖向的加速度，这种加速度与结构质量的乘积构成了地震力，即地震作用。根据牛顿第二定律，地震力本质上是一种惯性力，其大小不仅取决于结构的质量，还与地震的烈度和结构的固有频率有关。地震作用通常以水平方向为主，对于北京地区的一幢 8~9 层框架结构建筑，其总水平地震作用约为结构总重的 5%~8%，例如，如果该建筑总重为 75000kN，其总水平地震作用范围则在 3800kN~6000kN。

这些间接作用在土木工程设计中不可忽视，它们与直接荷载共同决定了结构的最终设计参数和安全系数。通过精确计算和合理设计，工程师能够有效应对这些作用，确保结构在各种环境和工况下都能保持稳定和安全。

四、结构失效

（一）结构和材料的关系

所有的结构，无论是摩天大楼还是细小的机械零件，都是由特定的材料构成的。结构如何响应外力，其形变的程度，以及是否能够维持其完整性，都深深植根于构成它们的材料的物理属性之中。当外力作用于结构上，比如重力、风力或人为的负荷，这种力会被传递到构成结构的材料上，材料会在每一个微小的区域，即单位面积上，感受到相应的力，我们称这种力为"应力"，并用符号 σ 来表示。

与此同时，材料会以变形的方式回应这种外力。这种变形可以是拉伸、压缩或是剪切，我们测量这种变形的程度，称为"应变"，并用 ε 来表示。例如，考虑一根轴向受压的杆件，如果它均匀地承受了一个压力 F，且具有截面面积 A 和长度 l，那么这个杆件在截面上的压应力 σ 就可以通过公式 $\sigma = F/A$ 计算得出。同时，杆件在压力作用下会缩短，假设缩短了 Δl，那么这个缩短量与原始长度 l 之比，即 $\Delta l/l$，定义了杆件的压应变 ε。

结构能否承受外荷载而不发生破坏，关键在于材料所能容忍的最大应力。同样，结构在承受荷载时的变形程度，即结构的柔韧性或刚性，也是由材料的应变特性决定的。材料的应力－应变关系，以及它们在不同条件下的行为，是结构工程师在设计时需要仔细考量的核心要素。通过选择合适的材料，并理解它们在各种受力情况下的性能，工程师能够设计出既安全又高效的结构，确保它们在预期的使用寿命内能够抵御各种可能遇到的外力作用。

（二）结构和地基的关系

地基由固体矿物颗粒、水分和空气构成，这三者共同组成了土壤的固相、液相和气相。当结构放置于地基之上，施加的压力促使土壤颗粒之间的空气与水分被排挤，颗粒相互靠近，导致地基压缩现象，同时结构也会随之产生下沉。土壤的透水性决定了这一压缩过程的速率，因此不同类型的土壤会有不同的压缩时间。砂土因为其较高的透水性，压缩过程相对较快；而黏土的透水性差，压缩过程可能持续数年至十数年之久。

基础作为结构与地基之间的桥梁，不仅连接二者，本身也是建筑结构不可或缺的部分，通常被称为下部结构。其设计需兼顾上部结构的特点，如形态、规模、功能及荷载特性，同时也必须考虑下部地质状况，包括土层分布、土质属性及地下水位。为了确保稳定性，基础应当置于承载力较强的土层上，依据埋设深度的不同，基础可分为浅基础与深基础两大类。

浅基础包括独立基础、条形基础、筏形基础和箱形基础，适用于土壤承载力相对较好的场合。深基础，如桩基础、沉井基础和沉箱基础，则用于土壤承载力较低或需要穿越较软弱土层的情况。无论浅基础还是深基础，其构造均包含厚板、深梁、粗柱和厚墙等基本构件，这是因为相比于建筑材料本身的强度，土壤的承载能力要低得多。这些基础的设计旨在将上部结构的荷载均匀分散至地基，确保整个建筑结构的安全与稳定。

（三）结构的预定功能和失效

土木工程结构的设计与建造旨在确保其能够满足四项关键的预定功能，这些功能是衡量结构性能和安全性的基础：

承载能力：结构需能够承受在正常施工和使用过程中可能出现的各种内力，包括但不限于拉力、压力、弯矩、剪力和扭矩等，确保结构的稳定性和安全性。

工作性能：在正常使用条件下，结构应展现出良好的性能，避免出现过大的挠度、侧向位移或不均匀沉陷，确保使用者的安全与舒适，避免让人感到晃动或不安。

耐久性：结构应在正常的维护条件下，具备足够的耐久性能，例如，抵抗酸碱腐蚀、盐类侵蚀等环境因素，确保长期的使用效能。

抗灾能力：在遭遇地震、风暴等偶然事件时，结构应能够保持必要的稳定性，如具备良好的抗震性能，减少灾害带来的损失。

结构的失效则表示其无法满足上述任一预定功能，具体表现为以下几种情形：

破坏：当结构或构件的截面抵抗作用力的能力不足以承受作用效应时，会发生破坏，如材料拉断、压碎、弯折等现象。

失稳：结构或构件因长细比过大，在较小的作用力下突然发生平面外的极大变形，如柱子的压屈、梁的平面外扭曲等。

过大变形：结构出现影响正常使用的变形，如板、梁的挠度过大或裂缝过宽，柱、墙的侧移过大，结构有过大的倾斜或沉陷，导致使用者感觉不适。

倾覆或滑移：整个结构或其一部分失去平衡，发生倾倒或移动，威胁结构的整体安全。

材料耐久性丧失：结构材料遭受化学、物理或生物作用而失去耐久性，如钢材生锈、混凝土腐蚀、砖石冻融损伤、木材被虫蛀等，降低了结构的使用寿命。

对结构失效的理解和预防是土木工程设计中的核心内容，其确保结构能够长期安全、可靠地服务于人类社会。

第二章

土木工程施工组织设计

第一节　施工组织设计概论

一、施工组织设计的任务和作用

（一）施工组织设计的任务

创建适宜的生产环境是确保所有生产流程顺畅进行的关键要素，尤其对于建筑项目而言，由于其固有的复杂性和独特性，每项工程都需基于其特定的施工特征与需求，精心编制施工组织设计。这一设计文件旨在引领工程的前期筹备与现场作业，它是施工活动的标准，为项目团队提供了明确的方向与规则。

施工组织设计的核心使命在于，依据国家对建筑项目的基本要求，策划出既经济又高效的实施方案。该设计覆盖了从人力资源调配到物资管理，从时间进度控制到空间布局规划，从技术应用到成本效益分析，以及从施工计划到组织协调等全方位的内容。通过细致周全的筹划，施工组织设计确保工程项目能够遵循既定目标，以高品质、高安全性、高效率且成本可控的方式推进，从而实现项目的成功交付。

这一文件的重要性不容小觑，它不仅限于理论层面的规划，更是实际操作的指南，指导着每一项具体施工活动的开展。通过施工组织设计，项目管理者能够有效应对施工过程中的各种挑战，确保工程在规定的时间内，以预期的质量标准和预算范围圆满竣工。因此，施工组织设计被视为连接项目概念与现实执行之间的桥梁，是推动建筑项目顺利实施不可或缺的工具。

（二）施工组织设计的作用

施工组织设计作为实现施工科学化管理的关键策略，其重要性在多个维度上得以彰显。首要功能在于，它能够充分反映基础建设规划与设计蓝图的精髓，评估并确认施工方案在实际操作中的可行性与经济效益；同时，作为桥梁，它紧密连接并优化了施工各环节、部门、阶段间的关系，确保协同效应最大化。

通过深入分析施工条件，施工组织设计详尽规划工程实施路径，包括施工流程、技术选择、劳动力配置与管理措施，为工程顺利推进奠定坚实基础。此外，它还肩负着制定时间表的重任，确保项目按期达成，提前规划资源需求，有序调度物资、设备与人力，避免浪费与延误。

在施工现场布局方面，施工组织设计扮演着指挥官的角色，高效安排临时设施搭建、物料堆放及机械设备的定位，营造井然有序的工作环境。更为关键的是，它具备预见性，能够预测施工中可能出现的各类状况，预先筹备应急方案，降低风险，保障工程平稳运行。

自我国首个五年计划以来，施工组织设计便被广泛应用于土木工程领域，其价值已由无数实践所证实。当一份施工组织设计质量卓越，贴合实际，严格遵循国家验收标准与合同条款，并得到有效执行时，它将指引施工进程如行云流水般顺畅，促使人力资源与物质资源发挥最大效能，最终收获卓越的经济与社会效益，彰显施工管理的智慧与成效。

二、编制施工组织设计的基本原则

施工组织设计的编制是一项集大成的工作，要求在全面把握工程内外部环境的基础上，运用系统工程理念进行严谨分析与动态优化。这一过程应当遵循以下核心原则，以确保工程管理的科学性与有效性：

1. 遵约守信，按时交付

严格遵守国家政策导向与合同约定，确保工程按时竣工交付。对于规模宏大、周期漫长的项目，我们宜采用分期分批策略，依据生产需求灵活调整，实现边建设边投产，加速资金回笼，提升经济效益。每一期工程均应确保独立或配套使用，与主体工程同步完成相关附属及辅助设施，以发挥整体效能。

2. 遵循规律，合理排序

施工活动需遵循固有规律，科学编排施工序列，确保工序间有序衔接，避免无效重复，从而确保施工品质，加快进度，控制成本。

3. 流水作业，网络规划

运用流水施工原理与网络计划技术，确保施工活动连贯、均衡、有节律地展开，合理调配人力资源。网络计划技术有助于直观展现施工逻辑，突出关键路径，便于计划的执行与优化。

4. 应对季节，措施得当

针对冬、雨、暑期等特定季节施工，须制定针对性措施，保障施工质量与连续性，维护工程进度与施工人员安全。

5. 技术创新，推进工业化

结合工程特性与现场条件，推动技术创新与建筑工业化进程，实现技术先进性、适用性与经济性的和谐统一。

6. 厉行节约，平衡资源

从实际出发，精打细算，做好人力与物资的综合调配，促进均衡生产，避免资源浪费。

7. 就地取材,绿色施工

充分利用现有或待拆设施作为临时工程,优先选用当地资源,合理规划物流,减少二次搬运,注重环保与节能,践行绿色施工理念。

8. 土建与安装,紧密协作

工业与公共建筑中,设备安装占据重要地位,与土建施工需紧密配合,土建方应提前预留安装空间,确保项目早日投用。

9. 方案优选,技术经济比选

对关键项目及分部分项工程的施工方式与主要设备选择,开展多方案技术经济对比,选取符合现场实情且兼具经济与技术优势的实施方案。

10. 质量与安全,双重保障

施工组织设计必须针对项目特点,制定切实可行的质量控制与安全管理措施,特别是涉及新技术、新材料的应用时,更需强化管控,确保工程安全可靠。

以上原则的贯彻实施,旨在构建一个高效、安全、环保且经济的施工管理体系,确保工程项目高质量完成,达到预期目标。

三、施工组织设计的实施

建设工程施工组织的全流程覆盖了从施工组织设计的编制到执行、监控、调整等多个关键步骤,旨在确保工程项目的顺利实施和目标达成。施工组织设计文件作为施工活动的指挥图,不仅规划了施工部署,还为组织施工提供了具体指南。为了确保施工按计划进行并适应不断变化的内外部环境,我们需建立一套完善的执行、监控与调整机制。

(一) 加强编制工作的领导与审批

施工组织设计的编制需在高层领导下进行,确保设计的权威性和可行性。大型项目的设计需经主管部门、设计单位、施工总包方共同审议,形成共识后由主管部门批准;而对于其他项目,则由总包单位内部审核,由其总工程师审批;单位工程的设计则由直接施工机构的技术负责人或更高层级的总工程师审批。严格的审批流程保证了设计方案的科学性和实用性。

(二) 施工组织设计交底与培训

经审批的设计文件,由主要编制人向各部门及施工人员进行详尽的技术交底,解读设计思路、决策依据、实施重点与技术难点,确保所有参与者充分理解计划目标和执行策略,这是确保施工顺利进行的基础。

(三) 施工组织设计与企业计划的协同

施工企业往往同时管理多个项目,需将施工组织设计融入企业年度、季度乃至月度作业计划之中,根据设计文件调整资源配置,包括劳动力、物资等,确保施工顺序、进度和技术物资需求与企业生产计划相匹配，使施工目标与企业生产计划同步。

（四）建立健全的施工管理信息系统

为有效控制施工进度、质量、安全和成本，我们必须构建一个高效的信息反馈系统。从项目启动起，我们持续收集施工数据，及时反馈至各管理部门，如施工方案设计、成本控制、安全监管和质量管理等部门。定期分析比较实际进展与计划差异，依据实时情况调整管理策略，确保施工管理的灵活性和适应性。

总之，施工组织设计不仅是施工前的静态规划，更是施工过程中的动态管理工具。通过强有力的领导、详细的交底、计划的协同及信息系统的支持，我们能够有效应对施工中出现的各种挑战，确保工程项目的成功实施。

第二节 单位工程施工组织设计

一、单位工程施工组织设计的编制程序和依据

单位工程施工组织设计的编制是一项综合性的计划工作，它需要基层施工单位紧密联系实际，结合工程的具体情况，制定出切实可行的施工方案。在编制前，我们应组织相关职能部门和人员进行深入研讨，针对工程特点，制定关键的技术和组织措施，确保施工活动的顺利进行。

编制单位工程施工组织设计时，我们应当基于以下几方面的依据：

1. 建设工程的类型和性质

考虑工程的规模、结构形式、技术复杂程度、功能要求等因素，以便合理配置资源和制定施工策略。

2. 建设地区的自然条件和经济条件

包括地质水文状况、气候特征、交通条件、能源供应、市场环境等，这些条件直接影响施工方法的选择和施工成本的控制。

3. 工程项目的施工条件

现场的地形地貌、周边环境、基础设施状况、可利用的临时设施等，这些因素关系到施工场地的布置和施工效率。

4. 施工单位的施工力量

包括人力资源、机械设备、技术水平、管理能力等，这些是施工组织设计得到有效实施的重要保障。

5. 设计资料及其他相关资料

收集和整理设计图纸、技术规范、标准规程、合同文件等，必要时还需通过实地勘察和调研补充缺失的信息，确保施工组织设计的全面性和准确性。

综上所述，单位工程施工组织设计的编制是一个系统工程，需要多方面信息的支持和多部门的协作，以期在施工过程中能够有效地控制成本、保证质量、确保安全、

优化进度，最终实现工程项目的预期目标。

二、工程概况及施工条件

（一）工程概况

说明拟建工程的建设单位、工程性质、用途和规模；投资额、工期要求；施工单位、设计单位名称；上级有关要求；施工图纸情况、施工合同（协议）签订等内容。

（二）建筑设计

拟建工程的平面形状呈流线型布局，巧妙融合了美学与功能需求，平面尺寸为东西向 150 米，南北向 100 米，营造宽敞的开放空间感。该工程为多用途综合体，共设计有 30 层，其中地下 3 层，地上 27 层，每层层高为 3.5 米，总高度达到 94.5 米，顶层设有观景平台。建筑面积总计约为 40,000 平方米，其中包含商业区、办公区及居住单元，精心规划的住宅单元采用板式结构，保证了良好的采光和通风。

装饰工程方面，内部装饰选用高品质环保材料，公共区域采用大理石地面配以精致的金属镶嵌线条，墙面为高级乳胶漆涂装，局部采用木纹贴面，营造温馨舒适氛围。外墙采用干挂石材结合双层玻璃幕墙，不仅美观大方，还具备良好的隔音和保温效果。楼地面根据不同功能区采用不同材质，如商业区铺设耐磨瓷砖，办公区采用地毯，而居住单元则为实木地板，确保舒适脚感。门窗采用断桥铝型材，搭配双层中空玻璃，有效提升节能性能。所有木质构件均采用环保油漆处理，确保室内空气质量。

屋面采用先进的聚氨酯泡沫保温材料，形成有效的热阻隔层，防水层则选用 SBS 改性沥青防水卷材，确保屋面长期耐用且不渗漏。消防系统配备自动喷水灭火系统、烟雾报警器及疏散指示标识，排水系统采用雨污分流设计，空调系统采用变频中央空调，既节能又环保。此外，工程还设置有雨水收集利用系统及太阳能光伏板，减少能源消耗，符合绿色建筑标准。

总之，拟建工程在设计上兼顾了美观、实用与环保，通过精心选材和细致工艺，旨在打造一个既安全又舒适的现代化综合建筑体。

（三）结构设计

本拟建工程的基础构造基于详尽的地质勘探报告，确定采用钢筋混凝土筏板基础，以适应场地的土质条件。地质情况显示地基承载力良好，但存在一定的地下水位，因此基础埋置深度设计为地下 4 米，以确保结构的稳定性和耐久性。基础底部设有防水隔离层，防止地下水侵蚀，并配备有集水井和排水泵，以应对突发性的地下水位上升。

承重结构体系采用框架剪力墙体系，这是一种混合结构类型，由钢筋混凝土框架和剪力墙共同承担垂直和水平荷载，提供了较高的抗震性能。主结构中的墙体、柱、梁、板均使用 C30 等级以上的高强度混凝土浇筑而成，配合 HRB400 级热轧钢筋增强，确保结构的安全可靠。

单件最大最重的构件为中央核心筒的预应力混凝土梁，重量约 45 吨，尺寸为 3 米×1.5 米×0.8 米，位于建筑的第 15 层，是连接核心筒与外围结构的关键部位。该构件的安装需要精密的吊装设备和严格的施工计划，以确保其准确就位和结构的整体稳定性。

在本项目中，我们采用了新型高性能混凝土，其具有更高的强度和更低的渗透率，提高了结构的耐久性和抗裂性。此外，我们应用了建筑信息模型（BIM）技术，在设计阶段即实现了结构优化和碰撞检测，有效减少了现场施工错误和返工，提高了施工效率。

施工中的一大难点在于深基坑支护和地下水控制，我们需要采用连续墙和降水井等技术措施，确保施工安全。同时，对于超大超重构件的吊装，我们需要与专业的吊装公司合作，制定详细的吊装方案，确保施工过程中的安全和质量控制。

（四）施工条件

鉴于本工程的特定环境和施工单位的实际能力，我们进行了全面的分析与评估。工程地质勘查揭示，场地位于稳定的第四纪沉积层上，地层结构以黏土和砂层交替为主，土壤类别为中等压缩性土，适宜建筑施工。地下水位位于地面下 5 米处，水质偏碱性，但不影响混凝土结构，地貌平坦，无显著地形障碍。施工期间，根据气象数据，平均气温在 10～25 摄氏度，主导风向为东南风，风力温和，雨季集中在夏季，需做好防洪措施，冬季无霜冻现象。

交通条件便利，临近主要公路，便于大型设备和建筑材料的运输。工地已完成"四通一平"工作，即通路、通水、通电、通信及场地平整，为施工提供了良好的外部环境。当地地产资源丰富，混凝土、钢材、木材等建材供应链稳定，且有多个预制构件加工厂，能及时满足工程需求。

施工单位拥有先进的机械设备和充足的机具储备，具备强大的运输能力和经验丰富的施工队伍，其中技术工种涵盖钢筋工、木工、焊工等，数量充足，技术水平高。企业管理体系健全，采用矩阵式管理结构，能高效调配资源，现场临时设施如工人宿舍、办公室和仓库已规划完毕，将利用现有建筑或搭建临时板房解决。

考虑到上述因素，施工任务规模适中，复杂度中等，但需特别注意雨季的施工安排和材料保护，以避免延误工期。施工方案将侧重于优化施工流程，减少天气影响，确保工程质量。施工进度将紧密结合材料供应周期和施工队实际能力，合理安排关键路径，确保工程按时完成。施工现场平面布置将注重物流通道的畅通，合理分配材料堆放区，以提高施工效率并保证安全作业。

三、施工方案

选择施工方案是单位工程施工组织设计中最重要的环节之一。它必须从单位工程施工的全局出发慎重研究确定。方案选择的合理性，将直接影响到单位工程的施工效果。

在编制单位工程施工组织设计时，确定施工流向、顺序、方法及施工机械的选择是关键步骤，它们共同构成了施工方案的核心内容，直接影响着工程的质量、安全和效率。以下是这些要素的综合考虑方式，我们旨在创建一个既符合施工逻辑又经济高效的施工策略：

（一）确定施工流向

遵循"先地下、后地上，先主体、后围护，先结构、后装饰"的基本原则，同时考虑建筑物的结构特性、施工条件和项目需求。对于单层建筑，施工流向需要在平面方向上确定，合理划分施工段；而多层建筑不仅要在平面方向上明确施工流向，还要决定垂直方向上的施工顺序，确保各楼层之间的施工协调一致。

（二）确定施工顺序

施工顺序是确保施工过程中各工序之间合理衔接的关键。它应当依据施工的自然顺序，同时兼顾不同工种在时间和空间上的有效配合，确保施工质量的同时，充分利用空间和时间，以实现缩短工期的目标。

（三）确定施工方法

在多种可能的施工方法中进行细致的分析与对比，选择最适合当前工程特点的方案。每种施工方法都有其独特的优势和局限性，选择时我们需综合考虑成本、效率、质量控制和安全标准等因素，寻找最优化的解决方案。

（四）选择施工机械

施工机械的选择紧密关联着施工工艺和方法，特别是在推动机械化施工的背景下，施工机械的性能直接影响到企业的施工能力和效率。我们应优先考虑那些能够提升施工速度、降低劳动强度、提高施工精度的现代化机械，并确保其与选定的施工方法相匹配，形成一套完整的施工体系。

综上所述，施工流向、顺序、方法和机械选择的决策应当是一个系统性的考量过程，需基于对项目特性的深入理解，结合施工团队的经验和技术实力，制定出既能满足工程目标又能体现经济效益的施工方案。这一过程需要细致的规划和灵活调整，以适应施工过程中的各种不可预见状况，确保整个项目按计划顺利推进。

四、单位工程施工进度计划

（一）施工进度计划的作用与分类

单位工程施工进度计划扮演着施工方案时间轴上的关键角色，它作为指导单位工程施工的重要文件，其核心任务在于依据施工方案来精心布局施工过程中的作业顺序与时间表，确保整个工程能在预定的期限内，系统而有序地完成。这一计划不仅反映了工程的时间框架，也体现了施工策略与资源配置的考量，是确保施工顺利进行的基石。

施工进度计划的种类根据工程特性如规模、结构复杂度及施工周期的长度等因素而定，主要划分为两大类别：

1. 控制性施工进度计划

当面对工期较长、结构复杂的大型工程，或是资源供给尚未完全到位的情况，以及工程内容存在变动可能性和部分施工技术尚不明晰的阶段，我们通常采用此类型计划。这类计划侧重于宏观层面，以分部工程为单元，设定控制点，确保各分部工程的总体进度得到把控。在进入具体分部工程的施工阶段前，我们需要进一步细化成实施性施工进度计划，以具体指导现场操作。

2. 实施性施工进度计划

这是控制性施工进度计划的深化和延伸，它为各分部工程提供详尽的施工顺序与时间安排，要求项目划分精细，各分项工程间的衔接清晰。实施性施工进度计划的编制可以与控制性施工进度计划同步进行，或在条件成熟后再行编制，尤其适用于那些相对简单或规模较小的单位工程，可以直接形成最终的施工进度计划。

通过这两种计划的有机结合与动态调整，我们能够有效应对施工过程中的各种挑战，确保工程按部就班地向前推进，同时具备灵活性以适应变化，从而达成工程目标。

（二）施工进度计划的组成

单位工程施工进度计划通常按照一定的格式编制，也被称为横道图。其一般应包括下列内容：各分部分项工程名称、工程量、劳动量，每天安排的人数和施工时间等。

（三）施工进度计划的编制

单位工程施工进度计划的编制是一个系统且复杂的过程，涉及对施工方案的深度理解和应用。以下我们概述了这一过程的关键步骤：

1. 确定施工过程

在编制施工进度计划之初，我们依据施工方案确定施工顺序，将所有分部分项工程按先后顺序列出。列出的工程项目应全面覆盖土建工程和配套工程，避免遗漏或重复，一般建议项目数量控制在 40 项以内。

2. 计算工程量

依据施工图纸和工程量计算规则准确计算工程量。如果已有预算文件，可直接参考其中的工程量数据，但我们需根据实际情况进行必要的调整或补充。

3. 确定各分部分项工程的工作时间

根据工程量和工效计算出完成每个分部分项工程所需的工作时间。考虑到劳动力和机械的有效配置，我们应确保每天的工人数为劳动班组的整倍数，且与机械生产能力相协调，以保证施工过程的连续性和效率。

4. 安排施工进度

优先安排主导施工过程的进度，确保其连续施工，其他施工过程则需配合主导过程的进度安排。例如，在多层混合结构工程中，主体结构施工是主导分部工程，墙体和楼面工程作为主导分项工程，应优先安排施工进度。基础工程和装饰工程等则需根据主体工程的进度进行相应调整。

5. 检查和调整施工进度

初步编制的施工进度计划需进行细致的检查，确保各施工过程之间的逻辑关系正确，资源分配合理。我们可能需要进行多次迭代调整，以解决资源冲突、工期延长等问题，直至形成一个切实可行的进度计划。

这一系列步骤旨在确保施工进度计划既符合施工方案的要求，又能够适应施工现场的实际条件，通过不断优化和调整，最终达到高效、有序施工的目的。在整个编制过程中，我们还需考虑到施工安全、质量控制、成本管理和环境保护等多方面因素，以实现工程项目的整体目标。

（四）施工进度计划执行中的管理

1. 影响工程施工进度的因素

在工程项目管理中，有效控制进度计划的执行是确保项目按时完成的关键。为了实现这一目标，项目经理和团队必须深入分析并预判可能影响施工进度的各种因素，以便提前制定应对策略，尽可能缩小实际进度与计划进度之间的差距，从而实现对施工进程的主动管理和控制。

影响施工进度的因素复杂多样，覆盖了项目执行的各个环节。其中，人为因素往往扮演着最核心的角色，因为无论是项目管理团队的决策质量、施工人员的专业技能，还是现场协调与沟通的有效性，都直接关系到工程能否顺利推进。此外，技术因素也不容忽视，它涉及施工工艺的选择、技术难题的解决及新技术的采用，任何技术上的不确定性都可能成为进度的绊脚石。

材料和设备的供应同样至关重要，缺乏关键材料或设备故障会直接导致停工，进而拖慢整个工程的进度。同时，机具的维护与操作效率也会影响到施工的速度和质量。地质因素，比如地下结构的复杂性、地下水位的变化，也可能对施工造成不可预见的挑战。资金问题，无论是投资不足还是资金流的不稳定，都会限制资源的调配，影响施工的连续性和效率。

气候和环境因素也是不容小觑的影响源，极端天气条件如暴雨、高温、台风等，不仅会影响户外作业的安全性，还可能导致施工延期。环境保护的要求，如噪声控制、废物处理标准，也可能会限制施工时间和方法，增加工程的复杂度。

因此，面对如此多变且复杂的因素，项目管理团队需要具备高度的预见性和灵活性，通过周密的计划、持续的监控和适时的调整，来应对各种潜在风险，确保工程项目的顺利进行。这不仅需要专业的知识和经验，更需要团队间的紧密协作和高效沟通，共同克服挑战，推动项目向预定目标稳步前进。

2. 进度计划实施中的调整方法

在工程项目管理中，当我们遇到进度偏差时，对其影响的评估和应对策略的制定是保持项目按期完成的关键步骤。首先，必须明确的是，不同的进度偏差对后续工作及总工期的影响程度各异，这取决于偏差的规模及其在项目时间线上的位置。一个较小的偏差如果发生在关键路径上，其影响可能远超预期；而即使较大的偏差出现在非关键路径上，只要不耗尽该路径的总时差，其对总工期的影响则相对有限。

为了准确评估偏差的影响，项目管理者应运用网络计划技术，特别是关注总时差和自由时差这两个概念。总时差是指在不影响项目总工期的前提下，某项工作可以延迟的时间；而自由时差则是在不影响随后工作的最早开始时间下，某项工作可延迟的时间。通过计算和分析这些时差，我们可以判断出偏差是否会对后续工作造成连锁反应，以及是否威胁到项目的最终完成日期。

我们一旦确定了偏差的影响范围和程度，接下来便是制定有效的调整策略。进度计划的调整方法多种多样，包括但不限于：

调整工作顺序：重新安排后续任务的开始和结束时间，或者改变某些工作的先后顺序，以适应新的进度要求。

增加资源投入：通过增加人力资源、机械设备或材料供应，加速关键工作的进度，以弥补前期的延误。

修改工作范围：在不影响项目整体目标的前提下，适当调整工作内容，简化某些流程或任务，以节省时间。

优化工作方法：采用更高效的施工技术和管理手段，提高工作效率，缩短工期。

利用非关键路径的时差：如果偏差未影响到关键路径，我们可以利用非关键路径上的时差来平衡整个项目的进度。

平行作业或加班赶工：在允许的情况下，增加平行作业的数量或延长工作时间，加快施工速度。

优先级调整：重新评估任务的优先级，确保有限的资源优先分配给对项目成功至关重要的工作。

总之，通过对进度偏差的细致分析和合理调整，项目团队能够灵活应对挑战，确保项目在既定的时间框架内完成，达到进度管理的目标。

五、资源需要量计划

在工程项目管理中，制订详尽的资源计划是确保项目顺利进行的关键环节。以下是三个重要方面的资源计划编制概述，用于指导劳动力、材料与设备的有效管理和调度：

(一) 劳动力需要量计划

该计划旨在确保施工过程中的劳动力需求得到满足，同时考虑到员工的生活和福利条件。编制方法涉及依据施工进度计划，列出每个施工阶段在特定时间段（如天、旬或月）内所需的不同工种的工人人数。这一信息被汇总成表，提交给劳动人事部门，以便进行劳动力的统筹安排，确保施工现场始终有足够且合适的人员执行任务。

（二） 主要建筑材料、构配件需要量计划

此计划服务于材料的储备和物流管理，确保施工所需的各类材料和构配件及时到位。编制步骤包括从施工预算或进度计划中提取工程量数据，按材料的种类、规格及预计使用时间进行分类，并考虑合理的库存量和损耗率，最终形成汇总表。这份计划将作为材料采购和运输的依据，帮助确定现场仓库和堆放场地的大小，以及材料的运输调度。

（三） 机械、设备需要量计划

该计划确保所有施工活动都有适当的机械和设备支持。根据选定的施工方案和施工进度，明确所需机械和设备的具体型号、规格、数量及它们的进场和退场时间。特别地，对于像塔式起重机、打桩机这样的大型机械，计划中还应考虑到铺设轨道和安装所需的时间。提前规划可以避免因设备不足或延迟到达而引起的施工中断，保证工程进度不受影响。

综上所述，这三个资源计划的编制是项目成功的基础，它们不仅确保了项目资源的合理配置，也促进了施工过程的高效和有序进行。通过精确的预测和周密的安排，我们可以有效控制成本，减少浪费，同时保障工程质量与安全。

第三节　施工组织总设计

一、施工组织总设计的编制依据和内容

（一） 施工组织总设计的编制依据

编制施工组织总设计是一项综合性强、涉及面广的工作，它需要依据多个方面的信息和要求来确保施工项目的顺利进行。以下是编制施工组织总设计时的主要依据：

1. 计划文件

国家或地方政府批准的基本建设计划文件，包括工程项目清单、分期分批的投产时间表、投资限额、工程所需设备和材料的采购指标。

建设项目所在地相关部门的批准文件，以及施工单位上级单位下达的施工任务书，这些都是项目启动和执行的官方许可和指示。

2. 设计文件

已经获得批准的初步设计文件或扩大初步设计文件，设计说明书，以及总概算和计划任务书。这些文件提供了工程的规模、功能、结构、布局和造价等基本信息。

3. 施工条件

可能使用的施工机械、设备和工具的概况，以及施工团队的人力资源状况。

主要建筑材料的供应情况，包括材料来源、运输方式和预计到货时间。

建设地区的自然条件，如气候、地质、水文、地形等，以及当地的技术经济条件和资源供应能力。

4. 上级部门的要求

上级单位对施工工期、资金使用、环境保护等方面的具体要求。

对采用新结构、新材料、新技术、新工艺的鼓励和规定，以及相关的技术经济指标。

5. 国家及有关部门的规定

国家现行的施工验收规范和标准，概算指标，结构定额，以及施工企业以往类似项目的统计数据和经验总结。

如果项目涉及引进技术或设备，还需要收集设计规定的相关资料和验收标准。

通过综合分析和考虑这些依据，施工组织总设计能够更加科学合理，确保施工过程符合法规要求，同时满足项目的技术、经济和时间要求。这个过程需要项目管理团队的深入研究和细致规划，以制定出既实用又具有前瞻性的施工组织方案。

（二）施工组织总设计的编制内容

在编制施工组织总设计的过程中，各个组成部分都是为了确保施工活动高效、有序且经济地进行。下面是我们对各个部分更详细的解释：

1. 建设工程概况

这部分提供了工程的基本信息，包括项目名称、位置、规模、投资、结构类型等，以及建设地区的自然与技术经济条件，还有对施工企业能力和资质的要求。

2. 施工部署及主要工程项目的施工方案

施工部署是对整个项目施工的宏观规划，包括施工顺序、准备工作、资源配置、临时设施建设等。

施工方案则是针对具体工程项目的策略安排，尤其是那些关键和复杂的项目，它会提出技术要求和解决方案。

3. 施工总进度计划

它是施工部署的具体化，用图表形式展示各工程项目的时间安排，包括开始和结束日期，以及施工阶段的重叠和衔接。

4. 各项资源需求量计划

包括劳动力、材料、预制构件和施工机械的需求计划，确保施工过程中资源的合理调配和利用。

5. 施工总平面图

显示了施工现场的布局，包括所有永久和临时设施的位置，以便于施工管理和资源优化。

6. 技术经济指标

这些指标用于评估施工组织设计的效率和经济效益，常见的有施工周期、劳动生产率、场地利用率等，它们帮助衡量项目的整体表现。

这些组成部分共同构成了施工组织总设计，它是施工准备阶段的重要文档，不仅指导着施工活动的实施，还作为项目管理、监控和调整的依据。每个部分都需要详细规划，以确保项目目标得以实现，同时要考虑到成本控制、质量保证和安全要求。

二、拟定施工部署

施工部署需根据拟建项目的规模、性质和实际条件等分别拟定，一般我们宜对下列问题进行详细的研究、分析和落实。

（一）确定项目的开展顺序

在规划大型工业企业的施工部署时，主体工程系统、辅助工程系统及附属工程系统的施工顺序是非常关键的。主体工程系统直接关系到企业的核心生产能力，而辅助和附属工程系统则支撑着主体系统的运行，确保能源供应、物料处理、维修服务等方面的正常运作。以下是施工顺序规划的要点：

1. **主体工程系统施工顺序：**

在制定施工部署时，主体工程系统的施工顺序应遵循生产工艺流程，确保各生产环节能够连贯且高效地运行。

需要考虑生产流程的配套性、完整性与合理性，确保不同生产单元之间的规模和进度协调一致。

应避免已投产的生产单元与后续施工项目之间产生冲突，防止相互干扰。

每个工程在竣工后应预留足够的时间用于设备调试、试生产，以及下一道工序所需的原料准备时间，同时考虑到设备的采购与安装周期。

2. **辅助和附属工程系统的施工顺序：**

辅助工程系统如机修、电修、动力供应、运输和控制系统，以及附属工程系统如废物处理和余热回收，这些都应优先安排，以确保主体生产系统的顺利启动和运行。

安排服务于施工的房屋、车间及其他基础设施（如水电供应、道路）的施工，可以有效减少临时设施的投入，降低建设成本。

辅助和附属工程的施工进度应当与主体工程系统相匹配，确保按时提供必要的支持和服务，使得各生产系统能够按计划投产。

通过精心规划施工顺序，我们可以最大化地提高施工效率，缩短建设周期，同时确保工程质量和安全，最终实现项目成本的控制和企业运营效益的提升。

（二）施工任务的划分和组织安排

建设顺序的规划，必须明确划分参与此建设项目的各施工单位和各职能部门的任务，确定总承包与分包的相互配合，划分施工阶段，明确各单位分期分批的主要施工项目和配套工程项目，并作出具体明确的决定。

（三）现场施工准备工作计划

在建设工程的筹备阶段，确保"四通一平"是至关重要的基础工作，这直接关系到现场施工的顺畅进行。"四通一平"指的是通路、通水、通电、通信及场地平整，它们构成了施工现场必备的基础条件。这些准备工作不仅为施工队伍提供了必要的后勤保障，还为材料运输、设备安装、人员往来创造了便利条件，是顺利开展施工的前提。

除此之外，建立现场的测量控制网络同样是不可忽视的步骤。这涉及依据总平面图设置精确的测量基准点，为后续的建筑定位、放线作业提供准确的数据支持，确保建筑物的位置、尺寸与设计图纸严格吻合。

在制定施工方案时，我们应充分调研并结合区域内的既有资源和施工单位的实际能力，尽可能利用周边的永久性设施，比如工厂、基地、道路等，以减少临时设施建设的成本。基于这些考量，我们再进一步规划所需临时设施的具体项目和数量，如临时办公区、工人宿舍、仓库、临时水电供应系统等，确保施工期间的各项需求得到妥善安排。

综上所述，"四通一平"的完成、现场测量控制网的建立及合理规划临时设施，都是施工准备工作中不可或缺的关键环节，它们共同为工程的顺利实施奠定了坚实的基础。

（四）主要项目施工方案的拟订

在工程管理中，精心策划主要项目及关键特殊工程的施工方案是确保项目成功的关键步骤。这一过程旨在有效调度人力与物资，提前进行技术与资源筹备，并保证施工活动有条不紊地推进，同时实现现场布局的科学合理。施工方案的编制涵盖了多个核心要素：

工程量清单：详细列出各分项工程的工作量，为成本估算、材料采购及进度计划提供数据支持。

施工工艺流程：明确每个工序的操作步骤与技术标准，确保施工质量与安全。

施工组织与工种协作：规划施工队伍的结构与分工，协调不同专业工种间的配合，提高工作效率。

机械设备选择与应用：合理选用施工机械，优化施工机械的配置，确保其在施工过程中能够高效运行，特别是要重视主导施工机械的作用，使其效能最大化。

通过上述内容的综合考虑，施工方案不仅指导了施工队伍如何执行具体任务，还为解决潜在问题提供了预案，从而保障整个工程项目能够在预定的时间内，以合理的成本和高标准的质量得以完成。此外，有效的施工方案还能促进现场的安全管理和环境保护，确保施工活动符合法律法规的要求。

三、施工总进度计划

施工总进度计划是施工组织总设计的核心内容之一，以后均以此来协调各项目的施工时间，组织协调各种生产资源进场时间和数量等。编制时我们可根据施工部署中分期分批的施工顺序，将每一个工程项目按施工时间分别列出，必要时还需作适当的调整，如果建设项目规模不大也可直接列出。

（一） 施工总进度计划的编制

施工总进度计划作为项目管理的核心文件，通常采用表格形式展现，尽管样式可能因不同单位的需求而异，但其目标始终围绕着控制整体施工周期。计划中的项目列表需把握适度原则，既要体现关键节点，又不宜过于琐碎。依据施工部署的分期安排，主要工程项目被逐一罗列，而辅助设施则可适当整合，确保计划聚焦于核心建设任务。

工程量的计算基于批准的设计文件，通过粗略估算，可以为施工方案的制定、机械与人力调配提供基础数据。借助初步设计图纸，参照万元定额、概算指标或类似工程资料，工程量与物资消耗被大致确定，这些数据汇总后填充至进度计划表相应栏目，形成劳动力需求的概览。

施工期限的设定需结合工程量与现场环境综合考量，亦可参考行业工期定额。同时，考虑到全工地性的临时设施如交通线路、水电供应，其规模也应在总平面图上量化，以全面反映项目需求。

在确定各单项工程的开竣工时间时，总进度计划需统筹考虑资源分配、设计文件到位情况、物资供应节奏及劳动力均衡使用。避免同时启动过多项目导致资源过度分散，确保施工进展与资源供给同步，同时利用调剂工程平滑施工高峰期，确保重点工程优先实施的同时，实现整个项目施工的均衡推进。最终，通过网络图或横道图直观展示施工进度，清晰呈现各阶段的施工顺序与衔接关系，为项目管理提供有力支撑。

（二） 施工准备工作计划的编制

按照施工部署中的施工准备工作规划的项目、施工方案的要求和进度计划的安排，我们编制全工地性的施工准备工作计划，将施工准备期内的工作进行具体安排和逐一落实。施工准备工作计划常以表格形式表示。

四、劳动力和主要技术物资需要量计划的编制

为了有效管理和调配项目资源，编制劳动力和主要技术物资需要量计划是一项至关重要的工作。这一计划的编制基于工程量汇总表中所列的各个工程项目，通过对各工程项目的工种工程量应用万元定额、概算指标或其他相关数据，我们可以计算出所需劳动力数量、主要建筑材料和预制构件的具体需求。

通过与总进度计划相结合，我们可以进一步细化这些需求，估算出在特定时间段（如月度或季度）内劳动力、主要材料和其他物资的需要量。这些估算结果被记录在专门的表格中，为项目的顺利进行提供了坚实的后勤保障。

劳动力和物资需要量计划不仅指导材料采购和配送，确保施工过程中的物资充足，而且对于规划临时设施、安排劳动力进场时间和施工机械的调度同样至关重要。它帮助项目管理者提前预见资源需求的高峰，合理安排资源，避免施工中断或延误，确保

项目按计划高效推进。这一计划的准确性和及时性直接影响着整个工程的施工效率和成本控制，是项目成功的关键要素之一。

五、施工总平面图

（一）设计施工总平面图的依据

在大型建筑项目管理中，综合考量多个关键因素是确保工程顺利进行的基础。首要的是建筑总平面图，它不仅是规划临时建筑和道路布局的重要依据，还能有效指导工地排水系统的设计，确保现场作业的安全与效率。

同时，项目团队必须详尽了解建设区域内所有既有和规划中的地下管线及构筑物的位置，以避免施工过程中对现有基础设施造成损害，并确保新建结构与环境的和谐共存。

总进度计划与主要工程项目的施工方案紧密相连，它们共同构成了项目执行的蓝图，明确了各阶段的目标和实施策略，为资源调配和时间管理提供明确指引。

建筑材料、半成品的供应情况及其运输方式是另一个关键环节，直接关系到施工的连续性和成本控制。因此，确保供应链的稳定性和物流的顺畅是项目成功的重要保障。

基于对供应情况的掌握，制定出构件、半成品及主要建筑材料的需要量计划，能够精确匹配实际需求，避免资源浪费，同时也便于及时调整采购策略，应对市场波动。

各加工厂的规模设计需充分考虑生产能力和项目需求，确保预制构件和半成品的生产与供应能够满足施工进度的要求，减少现场加工的负担，提高整体施工效率。

此外，水源、电源及建设区域的设计资料同样不可或缺，它们为项目的基础设施建设提供基础数据，确保施工现场能源供应的可靠性，支撑着整个工程的正常运行。综合上述信息，项目团队能够制订出全面而细致的施工计划，为工程的成功实施奠定坚实的基础。

（二）设计施工总平面图应遵循的原则

在规划建筑工地布局时，核心目标是在确保施工高效顺畅的同时，尽可能减少对环境的影响和资源的消耗。为此，我们采取了一系列优化措施，旨在实现经济、环保与人性化管理的平衡。

首先，合理规划用地，确保施工活动紧凑有序，避免不必要的土地占用，同时积极采取措施保护自然环境，如植被保护、扬尘控制等，以最小化对生态系统的干扰。

其次，临时建筑设施的设置需精心考量，避免占据未来永久性建筑的位置，这不仅能减少后续的拆迁成本，还能确保项目长远规划的连贯性。

再次，运输策略的优化至关重要，既要满足施工材料与设备的运输需求，又要力求降低运输成本，通过合理规划运输路线和方式，实现经济效益最大化。

第四，临时工程的成本控制是不可忽视的一环，在满足施工基本需求的前提下，我们通过科学设计和材料选择，力求以最低成本完成临时设施建设，达到经济与实用的双重目标。

第五，考虑到施工人员的工作与生活质量，工地的各项设施布局应以人为本，确保便捷的交通路径，减少员工往返时间，提升工作效率与满意度。

最后，遵循劳动保护、环境保护、技术安全与防火规范，文明施工，确保所有临时设施之间保持安全距离，创造一种既安全又健康的工作环境，促进项目顺利推进，同时彰显企业的社会责任感。通过这些综合性的考量与规划，我们旨在打造一种既高效又可持续的建筑施工环境。

（三）设计施工总平面图应考虑的内容

施工总平面图的设计是一项系统工程，它将施工部署的抽象概念转化为直观的图形展示，旨在指导施工现场的合理布局和资源的有效分配。以下是制定这一关键图纸时我们应重点考虑的几个方面：

首先，规划运输网络，这涉及决定各类运输线路的走向，包括铁路、公路，以及在适用的情况下，水路运输的码头和转运线路。确保物料和人员可以顺畅无阻地进出工地，这是维持施工进度的关键。

其次，明确仓库与各类加工厂的布局，诸如木材加工区、钢筋处理区、混凝土预制构件制造区等，它们的位置应当便于材料的接收、储存和加工，同时要考虑到物流效率和安全因素。

再次，对于临时房屋的安排，我们不仅需要考虑行政管理和辅助生产的功能空间，还应包括工作人员的居住区和生活福利设施。这些设施的规模需根据现场人数来定，以保障工人的基本生活需求和工作便利。

第四，在水资源管理上，综合考量生产、机械作业、日常生活及消防安全所需的水量，选定合适的水源，设计合理的供水系统和管网分布，确保施工期间的稳定供水。

第五，电力供应也是不可忽视的一环，我们需细致规划供电模式，布置电路，必要时预备自备发电机，以应对突发状况，保证施工不受电力中断的影响。

最后，妥善规划取土、弃土及临时堆土区域，既要满足施工过程中的土方需求，也要确保环境整洁，避免对周边造成不良影响。

施工总平面图的编制是一项复杂且精细的任务，它需要全面考虑从物资运输到人员生活的一切细节，确保施工活动能够高效、安全且环保地进行。

第三章

土方工程

第一节　场地平整

一、场地设计标高的确定

在开展大规模场地平整工作之前，确立科学合理的设计标高是项目成功的关键。这一决策需基于对现场具体条件的深入分析，同时兼顾多方面的考量。首先，设计标高必须符合生产工艺流程的需求，确保物流通道畅通无阻，便于运输和操作。其次，我们应充分利用自然地形的优势，尽可能减少挖掘和回填的工作量，实现土方工程的经济性。

为了达到挖填平衡，降低土方运输成本，设计标高应精心策划，使得场地内部的挖方与填方量大致相等，避免不必要的长距离土方转移。此外，考虑到雨水排放的重要性，设计标高需保证场地具有适当的泄水坡度（至少为2‰），确保雨后积水能够迅速排出，防止场地积水问题。

在选择设计标高时，我们还需考虑极端天气条件，特别是最高洪水水位的影响，确保场地在遭遇洪水时仍能保持其功能性与安全性。对于地形起伏较大的复杂场地，我们可采取分层设计策略，即将场地划分为若干个水平面，每个平面依据其特定的功能需求和地形特点单独设计，之后在各平面交界处进行适当调整，以实现整体协调统一。

在确定了设计标高和土方平衡方案后，下一步是根据工程规模、预定工期及现有机械设备的情况，选择适宜的土方施工机械，制订详细的施工计划。这一阶段需充分考虑机械的效率、成本及对周围环境的影响，确保整个施工过程既高效又环保。

场地设计标高一般应在设计文件上规定，若设计文件对场地设计标高没有规定，我们可按下述步骤来确定。

（一）挖填平衡法初步确定场地设计标高

计算场地设计标高时，我们首先将场地的地形图根据要求的精度划分为 10~50m 的方格网，然后求出各方格角点的地面标高。地形平坦时，我们可根据地形图上相邻两等高线的标高，用插入法求得。地形起伏或无地形图时，我们可在地面用木桩打好方格网，然后用仪器直接测出。

（二）场地设计标高的调整

在确定理论设计标高的基础上，我们还需针对实际工程特性进行细致调整，主要考量以下几个关键因素：

1. 土的可松性

土壤在挖掘后体积会膨胀，这一特性称为土的可松性。当土壤被压实用于填方时，其体积会再次减小。因此，在规划填方工程时，我们必须考虑到这一变化，通常这意味着设计标高需要适当上调，以补偿填土在压实后的体积缩减，确保最终的填土量能够准确满足设计要求。

2. 场内挖方和填方的影响

实际施工过程中，大型基坑的挖掘和路堤的建设会导致土方量的实际变动。有时，出于经济效益的考虑，部分挖方土料可能需要运至场外弃置，而填方所需的土料则可能从场外取用。这些情况都会打破最初的挖填平衡，可能需要重新计算设计标高，以适应实际的挖填方量变化，确保工程的顺利进行。

3. 场内泄水坡度的影响

即便按照调整后的设计标高（若未调整，则为原始设计标高 H）进行场地平整，得到的表面理论上是一个平面。然而，为了确保良好的排水性能，实际场地必须具备一定的泄水坡度，通常不小于 2‰。因此，在施工前，我们应根据泄水需求重新计算设计标高，确保场地在平整后能够有效排水，避免积水问题。

尽管理论设计标高提供了一个初步的指导方向，但在实施场地平整工程时，我们必须综合考虑土的可松性、挖填方的实际变动及泄水坡度需求，对设计标高做出相应的调整。这一步骤对于保障工程质量、优化施工成本及维护场地长期使用功能至关重要。

二、场地平整土方量计算

场地平整土方量的计算一般采用方格网法，计算步骤如下。

（一）计算场地各方格角点的施工高度

各方格角点的施工高度（即挖、填高度）按下式计算

$$h_n = H_n - H'_n$$

式中　h_n——角点施工高度（m），以"＋"为填方高度，以"－"为挖方高度；

H_n——角点的设计标高（m）；

H'_n——角点的自然地面标高（m）。

（二）确定"零线"

"零线"位置的确定方法：先求出方格网中边线两端施工高度有"＋""－"中的

"零点"，然后将相邻两"零点"连接起来，即为"零线"。

确定"零点"的方法，设 h_1 为填方角点的填方高度，h_2 为挖方角点的挖方高度，0 为零点位置。则由两个相似三角形求得

$$x = \frac{ah_1}{h_1 + h_2}$$

式中 x——零点到计算基点的距离（m）；

　　a——方格边长（m）。

（三）场地土方量计算

场地土方量的计算是土木工程项目中的重要环节，我们主要通过平均高度法和平均断面法来实现。以下是这两种方法的概述及应用：

1. 平均高度法

四方棱柱体法：此方法适用于地形较为平坦的区域。首先，我们将整个场地划分为一系列正方形或矩形网格，每个网格的四个角点代表不同的自然地面标高或设计标高。通过计算每个网格角点处的施工高度（即设计标高与自然地面标高的差值），我们可以确定该网格内的挖方或填方深度。其次，利用每个网格作为底面，以施工高度为高，形成四方棱柱体，计算每个棱柱体的体积。所有四方棱柱体体积的总和即为场地的总挖方或填方量。

三角棱柱体法：在地形复杂或有明显高程变化的区域，我们将每个方格沿对角线分为两个三角形，每个三角形视为三角棱柱体或三角锥体的底面。通过计算每个三角形底面面积与对应施工高度的乘积，我们得到每个三角棱柱体的体积。所有三角棱柱体体积的总和构成了场地的总挖方或填方量。

2. 平均断面法

这种方法广泛应用于基坑、基槽、管沟、路堤及场地平整的土方量计算。它涉及测量多个横截面的面积，并假设相邻截面间的体积变化是线性的。通过计算各截面的平均面积，再乘以截面间的距离，我们可以得到两截面间土方量的估计值。我们将所有截面间的土方量相加，即可获得整个工程的总土方量。

在实际操作中，选择何种方法取决于地形条件和工程要求。地形平坦时，四方棱柱体法更为简便高效；而地形复杂时，三角棱柱体法或平均断面法能提供更精确的结果。最后，通过汇总所有挖方区或填方区的土方量，我们可以得出场地的总挖方和填方量。

三、土方调配

（一）土方调配区的划分、平均运距和土方施工单价的确定

1. 调配区的划分原则

土方调配的原则在于实现挖填平衡、缩短运距、节省费用，并有效利用土方资源，

避免不必要的重复挖掘与运输。为了达成这些目标，在划分调配区时，我们应当遵循以下要点，确保土方调配的科学性和合理性：

协调与工程布局：调配区的边界应与建（构）筑物的平面位置相吻合，充分考虑开工顺序及工程的分期实施情况，实现短期施工需求与长期场地规划的有机结合，保证调配方案的前瞻性和实用性。

满足机械作业要求：调配区的规模需与土方施工的主要机械设备（如铲运机、挖掘机）的性能相匹配，确保机械作业效率最大化，同时减少因机械类型不适宜而造成的额外成本。

与方格网系统一致：在土方工程量计算中常用的方格网基础上进行调配区的划定，一个调配区可包含多个方格，这样的做法有利于数据的准确统计和调配方案的精确制定。

灵活处理土方不平衡：当施工现场的土方需求与供给出现较大差异，或者运输距离过长时，我们应灵活应对，如寻找邻近的取土点或弃土点，将这些地点单独设为调配区，以减少土方的长距离运输，降低施工成本。

上述原则指导下的调配区划分，可以确保土方调配工作既符合工程技术标准，又兼顾经济效益，同时促进施工进度的顺利推进和工程质量的提升。

2. 平均运距的确定

一旦调配区的大小和位置得以明确，接下来的关键步骤便是计算各填挖方调配区之间的平均运输距离。这一过程对于评估土方工程的成本和效率至关重要。具体而言：

当使用铲运机或推土机进行土方平整作业时，挖方调配区与填方调配区土方重心之间的直线距离，即可视为两调配区间的平均运距。土方重心的位置通常被简化认为是调配区平面几何中心，这有助于简化计算，提高工作效率。

然而，当填挖方调配区相隔较远，需要借助汽车、自行式铲运机或其他专业运输设备，沿工地内预设的道路或特定线路进行土方转运时，平均运距的计算则需更为细致。此时，运距不应仅限于两点之间的直线距离，而是要依据实际行驶路径来计算，包括可能存在的弯道、坡度和交通状况等因素。

对于第一种情形，即使用铲运机或推土机作业的情况，确定平均运距的关键在于准确识别土方重心。尽管实际的土方分布可能并不均匀，但为了简化计算，我们往往采取将调配区几何中心视作重心的近似方法。这种处理方式不仅便于快速估算，也足以满足多数工程项目的精度需求，特别是在那些土方分布相对均匀的工况下。然而，在土方分布极不均匀的情况下，我们则可能需要更复杂的模型来精确计算土方重心，以确保运距估计的准确性。我们可以取场地或方格网中的纵横两边为坐标轴，按下式计算。

$$X_0 = \frac{\sum V \times x}{\sum V}; Y_0 = \frac{\sum V \times y}{\sum V}$$

式中 X_0，Y_0 ——挖、填方调配区的重心坐标；

V——每个方格的土方量；

x, y——每个方格的重心坐标。

当地形复杂时，我们也可以用作图法近似地求出行心位置以代替重心的位置。

重心求出后，平均运距可通过计算或作图，按比例尺量出标于图上。

3. 土方施工单价的确定

在土方工程项目中，当采用汽车或其他专门的运土工具进行土方转运时，调配区之间的土方运输单价可以依据预先设定的预算定额来进行确定。预算定额通常包含对各种施工条件和成本因素的考量，为工程造价提供了一个标准参考。

然而，当项目施工涉及多种机械设备协同作业时，确定合理的土方施工单价就变得更为复杂。在这种情况下，我们不仅需要对每一种单独机械的运行成本进行核算，还必须考虑到不同机械设备在土方挖掘、运输及回填等各个环节中的配合与协作。这意味着，我们需要对挖掘机、装载机、运输车及回填压实设备等的施工单价分别进行计算，并在此基础上整合出一个能够全面反映整个土方工程成本的综合单价。

这个综合单价的制定，要求我们对所有参与作业的机械设备的效率、燃油消耗、维护费用、人工成本及可能的租赁成本等进行详细的分析。同时，我们还需考虑不同机械组合对施工进度的影响，以及如何优化机械配置以达到成本控制和效率提升的双重目标。因此，多机械协同作业下的土方施工单价确定，是一项需要综合考虑多项变量和因素的系统工程，它考验着项目管理者的决策能力和成本控制水平。

（二）最优方案的判别法

由于利用"最小元素法"编制的初始调配方案，优先考虑了就近调配的原则，所以求得的总运输量是较小的，但这并不能保证其总运输量最小，因此还需要我们进行判别，看它是否为最优方案。判别的方法有"闭回路法"和"位势法"，其实质均一样，都是求检验数 λ_{ij}，来判别。只要所有的检验数 $\lambda_{ij} \geq 0$，则该方案即为最优方案；否则，不是最优方案，尚需进行调整。

"位势法"求检验数方法：

将初始方案中有调配数方格的 c_{ij} 列出，然后按下式求出两组位势数 $u_i(i=1,2,\cdots,m)$ 和 $v_j(j=1,2,\cdots,n)$。

$$c_{ij} = u_i + v_j$$

式中 c_{ij} ——平均运距（单位土方运价或施工费用）；

u_i, v_j ——位势数。

第二节 基坑工程

一、土方边坡及其稳定

（一）土方边坡

在土木工程项目中，科学合理地设计基坑、沟槽、路基和堤坝的断面形式及设置适当的土方边坡，是实现土方工程量最小化的重要策略。边坡的设计应当基于一系列关键因素的综合考量，包括但不限于土壤类型、开挖或填筑的深度、地下水位状况、现场排水条件、所采用的施工技术、边坡预期的持续时间、边坡顶部可能承受的负荷及对周边建筑物的影响等。这些考量旨在确保边坡的稳定性，保障施工过程的安全，同时最大限度地节约土方工程的成本。

对于临时性的挖方工程，边坡的角度应该严格遵循相关规范和标准，如表 3-1 所示，这有助于在保证结构稳定性和人员安全的前提下，控制土方量。当挖方区域涉及不同类型的土层，或者深度超过 10 米时，为了进一步减少土方量并增强边坡的稳定性，我们可以设计成折线形或阶梯状的边坡。这种分段处理的方式能够适应不同的地质条件，同时通过增加接触面积来提高边坡的整体稳定性，从而有效降低因土方工程而产生的额外成本和风险。

总之，合理设计基坑、沟槽、路基和堤坝的断面及边坡，既是对工程经济性的考量，也是施工安全性和环境适应性的体现，是现代土木工程实践中不可或缺的一环。

表 3-1　临时性挖方边坡值

土的类别		边坡值（高：宽）
砂土（不包括细砂、粉砂）		1：1.25 ~ 1：1.50
一般性黏土	硬	1：0.75 ~ 1：1.00
	硬、塑	1：1.00 ~ 1：1.25
	软	1：1.50 或更缓
碎石类土	充填坚硬、硬塑黏性土	1：0.50 ~ 1：1.00
	充填砂土	1：1.00 ~ 1：1.50

注：1. 设计有要求时，应符合设计标准。

　　2. 如采用降水或其他加固措施，可不受本表限制，但应计算复核。

　　3. 开挖深度，对软土不应超过 4m，对硬土不应超过 8m。

当地质条件好、土质均匀且地下水位低于基坑（槽）或管沟底面标高时，挖方深度在 5m 以内，不加支撑的边坡留设应符合表 3-2 的规定。

表 3-2　深度在 5m 内的基坑（槽）、管沟边坡的最陡坡度（不加支撑）

土的类别	边坡坡度（高：宽）		
	坡顶无荷载	坡顶有荷载	坡顶有动载
中密的砂土	1：1.00	1：1.25	1：1.50
中密的碎石土（充填物为砂土）	1：0.75	1：1.00	1：1.25
硬塑的粉土	1：0.67	1：0.75	1：1.00
中密的碎石土（充填物为黏性土）	1：0.50	1：0.67	1：0.75
硬塑的亚黏土、黏土	1：0.33	1：0.50	1：0.67
老黄土	1：0.10	1：0.25	1：0.33
软土（经井点降水后）	1：1.00	—	—

注：1. 静载指堆土或材料等，动载指机械挖土或汽车运输作业等，静载或动载应距挖方边缘 0.8m 以外，堆土或材料高度不宜超过 1.5m。

　　2. 当有成熟经验时可不受本表限制。

对于使用时间在一年以上的临时性填方边坡坡度，则为：当填方高度在10m以内，可采用1:1.5；高度超过10m，可做成折线形，上部采用1:1.5，下部采用1:1.75。

至于永久性挖方或填方边坡，则均应按设计要求施工。

（二）土方边坡的稳定

土方边坡的稳定性至关重要，它直接关系到施工安全和工程质量。边坡失稳通常表现为土体塌方，这一现象不仅威胁施工人员的生命安全，还可能导致项目延期，甚至对邻近建筑物构成潜在风险。土壁塌方的诱因主要包括：

1. 边坡角度不当

如果边坡过于陡峭，特别是在土质较差、开挖深度较大的情况下，土体的自然稳定性不足以支撑其自身重量，极易引发塌方。

2. 水的影响

雨水或地下水渗透进入基坑，导致土体含水量增加，使得土体变软、自重加大，同时降低了土体的抗剪强度，这是导致塌方的一个常见且重要的原因。

3. 外加载荷

基坑边缘附近堆放大量土方、材料或停放重型机械，或是频繁的动载作用，会使土体内部的剪应力超出其抗剪强度，从而诱发塌方。

4. 不正确的开挖方法

未遵循合理的土方开挖顺序和方法，如"从上至下，分层开挖；先支撑后开挖"，也会增加塌方的风险。

为了避免塌方事故，我们可以采取以下几种措施：

1. 合理设置边坡

依据规范要求放足边坡，边坡坡度应根据土壤特性、水文地质条件、开挖深度、施工方法、施工周期和现场实际情况综合确定。

2. 使用支撑结构

在空间受限无法放坡或为了减少土方量时，我们可以设置土壁支撑，以增强边坡的稳定性。

3. 优化施工方案

做好施工现场排水，防止流砂现象；避免在基坑边缘堆放过多物料；基坑开挖后应尽快进行后续施工，减少暴露时间；在滑坡地带施工时，我们要遵循先整治后开挖的原则，避免在不稳定地层上弃土；对于有危岩、孤石、崩塌体等不稳定迹象的区域，我们应事先进行妥善处理。

通过上述措施，我们可以有效预防塌方，保障土方工程的安全与顺利进行。

二、基坑支护

（一）基槽支护分析

在进行土木工程作业，特别是针对较窄且深度不超过5米的沟槽开挖时，我们通常会采用横撑式支撑技术以确保边坡的稳定性与施工人员的安全。横撑式支撑系统的有效性在于其能够有效抵抗沟槽两侧土壤的侧向压力。此类支撑方法根据挡土板的类型及其安装方式，可具体划分为两大类：

水平挡土板式支撑：这类支撑使用水平放置的挡土板，它们可以按照不同的布置形式应用。其中，间断式支撑意味着挡土板之间留有间隙，这样设计是为了适应特定地质条件，允许一定程度的土壤位移，通常用于土壤稳定性较好的场合；而连续式支撑则通过紧密排列的挡土板形成连续的屏障，能够更有效地阻止土壤移动，适用于需要更高稳定性的环境。

垂直挡土板式支撑：与水平挡土板不同，这种支撑采用垂直设置的挡土板，直接与沟槽侧壁接触，提供更为直接的支撑效果，尤其适合狭窄空间中的深沟槽开挖，能够最大限度地减少占用地面积并提高支撑效率。

这两种支撑方式的选择取决于多个因素，包括土壤类型、地下水位、沟槽深度和宽度，以及现场的具体施工条件。工程师在设计支撑方案时，会综合考量这些因素，以确保选择最合适的支撑体系，从而保障施工过程的安全与顺利进行。

（二）基坑支护分析

在土木工程领域，多种类型的挡墙和支护结构被设计和实施以应对开挖作业中可能出现的边坡不稳定问题，确保施工安全和地下结构的完整性。以下是几种常见支护结构的概述：

1. 水泥土挡墙施工

这一技术涉及利用深层搅拌机将水泥浆液与原位土壤充分混合，形成一系列相互连接的水泥土加固体，构建出一个连续的围护墙体。该墙体不仅依靠自身重量和强度抵御侧向土压力，而且因其低渗透性，有效阻止地下水渗透，兼具挡土和防水功能。水泥土挡墙主要分为深层搅拌水泥土墙和高压旋喷注浆桩墙两种类型，无须额外支撑即可独立工作。

2. 排桩式挡墙和组合式支护结构施工

排桩式挡墙采用各种桩型如钻孔灌注桩、人工挖孔桩、预制钢筋混凝土桩或钢管桩等，按设计要求排列，形成一道稳固的防护线。由于此类挡墙本身的防水性能有限，我们常配合使用支撑系统（如水平支撑或土层锚杆）及止水帷幕，以增强整体结构的稳定性和防水性。

3. 板桩式挡墙施工

板桩式挡墙通常采用钢板桩、混凝土板桩或型钢横挡板，通过打入法施工，形成一道坚固的防线。这类挡墙特别适用于空间受限的区域，能够迅速安装，提供即时支撑。

4. 土钉墙施工

土钉墙是一种将短钢筋（土钉）打入边坡中，随后覆盖钢筋网并喷射混凝土的支护方法。土钉与边坡土体紧密结合，显著提升边坡稳定性，增加其抗滑移能力。施工流程包括逐层开挖、定位、钻孔、喷射混凝土、插入钢筋、注浆及再次喷射混凝土。

施工过程中，每一层作业面的土钉和混凝土面层必须完成后再进行下一层的开挖，确保边坡逐步加固，避免过大的应力集中。

5. 土锚施工

土层锚杆（简称土锚）是一种深入土层内部的受拉杆体，由置于钻孔内的钢绞线或钢筋与注浆体共同构成。土锚的一端与支护结构相连，另一端则深入稳定的土层中，通过承受土压力和水压力产生的拉力，来加强支护结构的稳定性。其施工工艺流程包括：土方开挖、定位、钻孔、安放锚杆拉杆、灌浆、预应力筋张拉及锚固。

6. **地下连续墙施工**

地下连续墙施工是在开挖土方前，利用专用的挖槽机械在泥浆护壁条件下开挖一定长度的沟槽，达到设计深度后，清除泥渣，将预先加工的钢筋笼吊放入槽内，通过导管浇筑混凝土。混凝土从底部开始逐渐向上浇筑，将泥浆置换出来，直至达到设计标高，形成一个单元槽段。多个单元槽段之间通过特制接头连接，最终形成连续的地下钢筋混凝土墙。地下连续墙不仅能够挡土防水，还能作为地下室承重结构的一部分，实现"两墙合一"，提高经济效益。

7. **加筋水泥土桩法**

加筋水泥土桩法是通过在水泥搅拌桩中插入 H 型钢，形成既能挡土又能止水的围护墙支护结构。这种方法适用于坑深较大的工程，如 8 ~ 10 米的基坑，可以通过加设支撑来增强结构稳定性。施工时，采用三根搅拌轴的深层搅拌机进行全断面搅拌，H型钢可以顺利下插至设计标高，且在工程完成后可以拔出重复利用，体现了环保和经济的双重优势。

这些支护结构的施工方法和技术在土木工程领域有着广泛应用，每种方法都有其独特的优点和适用场景，选择最适合的支护方案对于确保施工安全和工程效率至关重要。

8. **内支撑施工**

（1）内支撑体系

内支撑体系是基坑支护工程中的关键组成部分，主要由腰（冠）梁、支撑和立柱构成，用于抵抗基坑开挖过程中侧向土压力和水压力，保持基坑稳定（图3-1）。施工时我们需遵循以下原则：

①安装与拆除顺序：支撑结构的施工顺序应与基坑支护结构的设计工况相匹配，遵循先支撑后开挖的原则，确保施工安全。

②止水构造：立柱穿越主体结构底板及支撑结构穿越地下室外墙时，我们需采取有效措施防止地下水渗透，保障结构防水性能。

支撑类型

内支撑主要分为钢支撑与混凝土支撑两大类：

钢支撑：多为工具式设计，便于快速安装与拆除，可重复利用，适用于需要快速施工或反复支撑的场合。大城市中常见专业队伍进行施工，可施加预紧力以增强结构稳定性。

混凝土支撑：现场浇筑而成，能够灵活适应各种形状要求，具有较高的刚度，能有效控制基坑变形，利于保护周边环境。但其拆除过程复杂，且成本较高，一次性消耗大，不可重复使用。

（2）支撑布置与形式

内支撑的布置需综合考虑多个因素，包括基坑的平面形状与深度、周边环境条件、地下结构布置及基础工程施工要求。常见的支撑形式如下。

角撑：适用于接近方形且尺寸较小的基坑，提供中心空间，便于挖土作业。

对撑：适合长条形基坑，能有效控制变形，确保施工安全。

边桁架式、框架式、环形支撑：适用于较大尺寸或形状复杂的基坑，提供良好受力性能与足够的空间，便于挖土作业。

在实际工程中，多种支撑形式常混合使用，如角撑加对撑、环梁加边桁架或框架，以满足特定的工程需求和环境条件。合理选择和布置内支撑体系，对于确保基坑支护结构的安全稳定、控制基坑变形及保护周边环境具有重要意义。

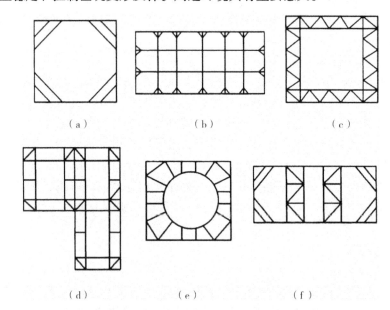

图 3-1　支撑的平面布置形式
（a）角撑；（b）对撑；（c）边桁架式；（d）框架式；（e）环梁与边框架；（f）角撑加对撑

三、施工排水

（一）集水井降水法（明沟排水）

集水井降水法是一种在基坑或沟槽开挖期间用于地下水控制的传统方法。该方法通过在基坑底部设置具有一定坡度的排水沟和集水井来引导并收集地下水，随后使用水泵将水抽出，从而保持开挖区域的干燥，为施工创造有利条件。

具体实施步骤如下：首先，在基坑或沟槽的底部挖掘排水沟，其截面尺寸通常为

0.3 米宽乘以 0.5 米深，并保持 0.3% 的倾斜坡度，以确保水流顺畅。接着，在排水沟的适当位置，即每隔 20 ~ 40 米处，挖掘集水井，这些井的直径在 0.6 ~ 0.8 米。地下水经由排水沟汇集到集水井中，再通过水泵抽排至基坑外。

在选择水泵时，我们可以采用离心泵、潜水泵或软轴泵等多种类型，具体取决于施工现场的具体条件和水量大小。离心泵适用于处理清洁的地下水，而潜水泵则可以直接浸入水中工作，适用于水量较大或含有较多悬浮物的情况；软轴泵则因其灵活性，适用于狭小空间内的抽水作业。

集水井降水法适用于各种土质条件，但在粗粒土层或黏性土层中尤为有效。粗粒土层通常具有较好的透水性，使得地下水易于汇集；而黏性土层虽然透水性较差，但通过设置适当的排水系统，也能有效地控制地下水位，确保施工顺利进行。此法不仅操作简便，成本相对较低，而且在不需要精密设备的情况下即可实现有效的地下水控制，因此在土木工程项目中得到了广泛应用。然而，它也有局限性，例如在高水压或细颗粒土壤中可能效果不佳，这时可能需要采用更先进的降水技术，如井点降水或帷幕注浆等方法。

（二）井点降水法

井点降水法是一种在基坑开挖前及开挖过程中，通过预先在基坑周边布置一系列的滤水管（井点），并借助抽水设备连续不断地抽取地下水，以降低地下水位至基坑底部以下的地下水控制技术。这一方法旨在确保基坑内始终保持干燥的施工环境，避免流砂现象的发生，同时增强土体的稳定性和密实度，为地下结构的建设提供安全的作业条件。

实施井点降水法时，我们首先需要在基坑外围按照设计要求埋设一定数量的井点管，这些井点管通常带有过滤装置，以便于水的渗透而阻止土颗粒的流失。随后，通过连接至井点管的抽水设备，持续不断地将地下水抽出，直至基础工程的施工全部完成并且进行了回填土作业，结构本身重量足以抵抗地下水的浮力时，降水作业方可停止。

值得注意的是，在进行井点降水之前，我们必须评估降水对周围既有建筑的影响。由于地下水位的下降可能会导致土层压缩，进而造成相邻建筑物的附加沉降、位移，甚至引发地面塌陷等问题，因此，对于可能受到影响的建筑物，我们应提前采取加固或防护措施，以避免或减轻降水引起的不良后果。这包括但不限于监测地下水位变化、地表沉降情况及建筑物的倾斜和裂缝发展，确保施工过程中的安全性与周边环境的稳定性。

总之，井点降水法是现代土木工程中常用的一种地下水控制手段，它通过有效的地下水位管理，为地下结构的施工提供了必要的安全保障，同时也要求施工方在实施前充分考虑其可能带来的环境影响，并采取相应的预防措施。

井点降水法有轻型井点、喷射井点、电渗井点、管井井点等。施工时我们可根据土的渗透系数、要求降低水位的深度及设备条件等（表 3 - 3）。

表 3 – 3　各种井点适用范围

井点类型	土的渗透系数/(m/d)	降水深度/m
一级轻型井点	0.1 ~ 50	3 ~ 6
多级轻型井点	0.1 ~ 50	视井点级数而定
喷射井点	0.1 ~ 50	8 ~ 20
电渗井点	< 0.1	视选用的井点而定
管井井点	20 ~ 200	3 ~ 5
深井井点	10 ~ 250	> 15

1. 轻型井点

（1）轻型井点降水的设备系统

轻型井点设备的核心组成部分是管路系统与抽水设备，这两大部分协同工作，实现对地下水的有效控制（图 3 –2）。

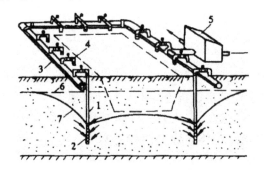

图 3 – 2　轻型井点降水全貌

1. 井点管；2. 滤管；3. 总管；4. 弯联管；5. 水泵房；6. 原有地下水位线；7. 降水后地下水位线

管路系统是井点设备的骨架，由多个关键组件构成，旨在引导地下水至抽水设备处。其主要部件包括滤管、井点管、弯联管及总管。滤管作为地下水的入口，扮演着至关重要的角色。它通常是由长度在 1.0 到 1.5 米，直径为 38 毫米或 50 毫米的钢管制成。为了便于地下水流入，滤管的管壁上会钻有直径为 12 到 19 毫米的滤孔，这些孔洞允许水通过但阻止了较大颗粒的土壤进入。为了进一步过滤杂质并防止堵塞，滤管外侧会包裹两层不同孔径的过滤材料，例如生丝布或塑料布滤网，这能够确保只有清洁的地下水被抽取，从而保护抽水设备免受损害，并维持系统的高效运行。

井点管连接滤管与抽水设备，而弯联管则用于调整管路方向，这使整个系统可以根据现场实际情况灵活布置。总管汇集来自各个井点管的水流，将其导向抽水设备，是管路系统中的主干部分。整体而言，管路系统的设计旨在确保地下水的高效收集与顺畅传输，为抽水设备提供稳定的工作条件，从而实现基坑降水的目标。

（2）轻型井点布置

井点系统布置应根据基坑平面形状及尺寸、基坑深度、土质、地下水位及流向、降水深度要求等确定。

①平面布置

根据基坑（槽）形状，轻型井点可采用单排布置［图3-3（a）］、双排布置［图3-3（b）］及环形布置［图3-3（c）］，当土方施工机械需进出基坑时，我们也可采用"U"形布置［图3-3（d）］。

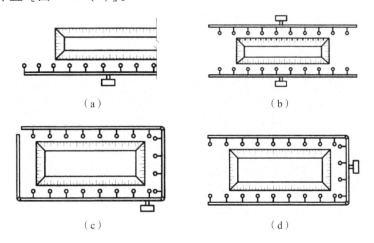

（a）　　　　　　　　　　　　　　　　（b）

（c）　　　　　　　　　　　　　　　　（d）

图3-3　轻型井点的平面布置

（a）单排布置；（b）双排布置；（c）环形布置；（d）"U"形布置

单排布置适用于基坑（槽）宽度小于6 m，且降水深度不超过5 m的情况。井点管应布置在地下水的上游一侧，两端延伸长度不宜小于坑（槽）的宽度。

双排布置适用于基坑宽度大于6 m或土质不良的情况。

环形布置适用于大面积基坑。如采用"U"形布置，则井点管不封闭的一段应设在地下水的下游方向。

井点管距离基坑壁不应小于0.7~1.0 m，以防局部漏气，间距为0.8~1.6 m。

②高程布置

高程布置是确定井点管埋深，即滤管上口至总管埋设面的距离，可按下式计算

$$h = h_i + \Delta h + iL$$

式中 h——井点管埋深（m）；

h_1——总管埋设面到基坑底面的距离（m）；

Δh——基坑中心底面到降低后的地下水位线的距离，一般取0.5~1.0 m；

i——水力坡度，环状井点为1/10，单排井点为1/4；

L——井点管到基坑底面中心的水平距离，当基坑井点为环形布置时，取基坑短边方向长度；当井点管为单排布置时，L为井点管到对边坡脚的水平距离（m）。

（3）轻型井点的计算

设计和计算井点系统的各项参数是一项复杂而细致的任务，它要求工程师基于一系列详尽且准确的基础资料来进行。这些资料主要包括施工现场的地形图，用于了解场地的地形特征；水文地质勘察资料，提供关于地下水位、土壤类型、渗透系数等关键数据；以及基坑设计资料，明确了基坑的尺寸、深度和支撑结构的要求。所有这些

信息都是设计井点系统不可或缺的依据。

在轻型井点系统的设计中,计算过程主要围绕以下几个核心要素展开:

涌水量计算:这是确定井点系统抽水能力的基础。涌水量的大小取决于地下水的补给量、地下水位的高度差、土壤的渗透性等因素。计算时,我们通常采用经验公式或理论模型,来估算从井点中抽取出的水量。

井点管数量与间距:井点管的布置密度直接影响着降水效果和成本。井点管的数量和它们之间的距离需要根据基坑的大小、形状、地下水位及土壤的渗透性来决定。过多的井点管会增加成本,而过少则可能导致降水不足。因此,合理的布局至关重要。

抽水设备选择:抽水设备的选择基于井点系统的总抽水量需求。设备的功率、效率及是否适合长时间连续运行都需要考虑。此外,我们还需要考虑到电力供应和维护的便利性。

由于实际地质条件的复杂性和不确定性,上述计算得到的结果往往只能作为参考,它们通常是近似值。在实际应用中,工程师们通常会留有一定的安全余量,以应对不可预见的情况。此外,现场监测和适时调整也是保证井点系统有效运行的重要环节。通过持续监控地下水位的变化和井点系统的抽水效果,我们可以及时发现并解决潜在问题,确保基坑开挖和后续施工的安全进行。

(4)井点管的埋设与使用

轻型井点系统的安装遵循一个精心规划的程序,以确保地下水有效控制。首先,依据设计方案铺设总管;其次,进行井点管的埋设作业;再次,使用弯联管将各井点管与总管相连;最后,安装抽水设备。这一系列步骤环环相扣,每一步都至关重要。

井点管的安置可采取多种方法,比如借助冲水管形成孔洞,或钻孔后将井点管置入,甚至可利用带套管的水冲法及振动水冲法来实现井点管的下沉与埋设。确保井点管正确无误地埋设,以及孔壁与井点管间砂滤层的恰当填充,是整个井点系统成功抽水、有效降低地下水位的决定性因素。因此,在施工时我们必须格外注意以下几点:

冲孔过程须保持孔洞垂直,且孔径需均匀一致,标准尺寸约为300mm。冲孔深度应当比滤管更深约0.5m,以此确保滤管周围及其底部具备足够的砂滤层,促进良好的水流通。

选用粗砂作为砂滤层材料,避免细小颗粒堵塞滤管网眼,影响抽水效率。

在砂滤层填充完毕后,对于距离地面0.5~1m深度范围内的空间,我们应用黏土严密封堵并压实,目的是构建一种密封环境,防止外界空气渗入,干扰井点系统的正常运行。

通过上述措施,我们不仅能够保障井点系统的完整性和有效性,还能优化地下水位控制,为后续的工程作业创造有利条件。

2. 喷射井点

在基坑开挖深度较大,使用多级轻型井点系统成本过高或效果不佳的情况下,采用喷射井点系统是一个更为经济有效的选择。喷射井点能实现更深层的地下水位降低,其最大降水深度可达8~20米,适用于需要大幅度降低地下水位的工程项目。

喷射井点系统主要由喷射井管、高压水泵及相应的进水和排水管路构成。其中，喷射井管的设计尤为关键，它由内管和外管两部分组成。在内管的下端，安装有喷射扬水器，该扬水器与滤管紧密相连。工作原理基于文丘里效应，当高压水从高压水泵输送至内外管之间的环形空间，并最终由喷嘴高速喷出时，会在喷嘴附近产生负压区，从而吸引周围的地下水进入喷射井管内部。地下水在负压作用下被吸入并通过内管向上推移，最终被排至地面以上，实现地下水位的降低。

喷射井点系统的优势在于其强大的抽水能力，尤其适合于需要深度降水的场合。此外，由于系统结构紧凑，操作灵活，相较于多级轻型井点，喷射井点在施工成本和效率上具有明显优势，成为深基坑开挖和大型地下工程中常用的地下水控制技术。

3. 电渗井点

电渗井点是一种专门设计用于处理低渗透性土壤的地下水控制技术，特别适用于那些渗透系数极低，低于 0.1 m/d 的含水层，这些条件下常规井点方法难以有效降低地下水位。这一技术在处理淤泥质土壤排水问题时尤为有效，因为淤泥的渗透性通常非常差。

电渗井点排水的工作原理基于电化学过程中的电泳和电渗现象。在实施过程中，井点管被用作负极，而打入土壤中的钢筋或钢管则作为正极。当直流电流通过这两极时，带电荷的土壤颗粒受到电场力的作用，从负极向正极方向移动，这一过程被称为电泳。与此同时，水分由于受到相反的电渗效应影响，会朝着负极方向移动，即从正极流向井点管，进而被集中抽取并排出地表。这种利用电场来促进水分迁移的方法，使得在低渗透性土壤中也能有效地降低地下水位，确保基坑开挖的安全性和稳定性。

电渗井点技术的优点在于它能够克服传统井点在低渗透性土壤中效率低下的问题，为建筑和土木工程项目提供了一种可靠且高效的地下水控制手段。

4. 管井井点

管井井点是一种地下水控制技术，主要用于高渗透性土壤条件下的地下水位降低。在施工过程中，尤其是在土壤渗透系数较大，范围在 20～200 米/天（$K = 20～200 m/d$），并且地下水量丰富的土层中，管井井点显示出了其独特的优势和适用性。

具体实施时，我们会在基坑周围按照一定的间隔，每 20～50 米的距离，设置一个管井。每个管井都是独立的系统，配备有一台专用的水泵，用于持续不断地抽水，从而有效降低地下水位。这种方法通过多个分布式的管井共同作用，能够快速且显著地减少基坑内的地下水压力，为基坑开挖和后续的建筑施工创造安全稳定的作业环境。

管井井点不仅适用于渗透性强的砂土层，也适用于其他具有高渗透性的地质条件，如砾石层或碎石层。与传统的轻型井点相比，管井井点在处理大水量和高渗透性土壤时更加高效，能更有效地满足大型工程对地下水位控制的需求。

四、流砂的防治

流砂现象及其危害与防治措施是一个在地下水位以下进行挖掘作业时必须考虑的

重要问题。当在细砂和粉砂层中开挖基坑至地下水位以下，并使用明排水方法试图疏干时，基坑底部下方的土壤可能会受到地下水的影响而进入流动状态，随同地下水涌入坑内，这一过程被称为流砂现象。流砂不仅会导致基坑边坡的塌方，还可能引起周边建筑物的下沉、倾斜甚至倒塌，对施工安全和工程质量构成严重威胁。

流砂的产生由内外因素共同决定。内因主要涉及土壤特性，例如高孔隙度、高含水量、低黏粒含量、富含粉粒、低渗透系数及不良的排水性能，这些特征使得细砂、粉砂和亚砂土尤其易受流砂影响。然而，是否实际发生流砂现象，我们还需考虑外因，主要是地下水的存在及由此产生的动水压力的大小与方向。

为了有效防治流砂，核心原则是"治砂先治水"，即通过一系列措施减少或平衡导致流砂的动水压力，阻断地下水的流动路径，或是改变地下水流动的方向。常见的防治方法包括但不限于设置井点降水系统来降低地下水位，使用帷幕注浆或地下连续墙等技术来隔断地下水，以及采用板桩或其他结构来稳定土壤，防止地下水引起的不稳定现象。通过这些综合手段，我们可以确保挖掘作业的安全性和周边环境的稳定性。

第三节　土方工程机械化施工

一、主要挖土机械的性能

土方工程的施工过程包括土方开挖、运输、填筑与压实。土方工程应尽量采用机械化施工，以减轻繁重的体力劳动和提高施工速度。

（一）推土机

推土机是土方工程作业中不可或缺的机械设备，它基于履带式拖拉机平台，装备了推土板和其他工作装置，使其成为一种多功能的工程机械。常见的推土机配置有不同的发动机功率等级，包括45kW、75kW、90kW、120kW等，以适应不同规模和类型的土方作业需求。推土板通常采用液压系统进行操纵，确保了操作的灵活性和精确性。

推土机的特点在于其出色的机动性和适应性。它们能够在相对较小的工作面上高效运作，具备快速的行驶速度和便捷的转移能力，甚至能在约30°的斜坡上爬行，这使得推土机在各种土方工程中得到广泛应用。

推土机主要用于处理一至三类土质，其常见任务包括场地平整、浅层基坑开挖、短距离土方运输、回填作业、堤坝堆筑及配合挖掘机进行土方集中、道路开辟等。在作业时，推土机主要执行切削和推运土方的任务。为了提高效率，操作者应根据土壤类型调整切土深度，在6~10米的最短距离内完成切土，随后直接将土方推送至指定位置，以减少低速行驶的时间。安全规范要求，推土机在斜坡上的作业角度不能超过35°，横向坡度不得超过10°，同时，多台推土机协同作业时，彼此间的前后距离需保持在8米以上，以确保安全。

推土机的经济作业距离通常在 100 米以内，其中效率最高的运距大约为 60 米。为了进一步提升生产效率，我们可以采用诸如槽形推土、下坡推土及并列推土等策略，这些方法通过充分利用地形和推土机的物理特性，实现了更高的作业效能。

（二）铲运机

铲运机是一种高效且多功能的土方施工设备，能够独立完成挖土、装土、运土、卸土和平土等一系列工序。根据行走方式的不同，铲运机分为自行式和拖式两种类型，以适应不同的施工需求。在斗容量方面，常见的规格有 2 立方米、5 立方米、6 立方米和 7 立方米等，以满足不同规模工程的土方量要求。此外，铲运机的操纵系统也分为机械操纵和液压操纵两种，液压操纵系统因其操作简便和反应灵敏而更受欢迎。

铲运机的操作简便，不受地形限制，能够快速行驶，因此在生产效率上具有显著优势。它特别适合开挖一至三类土，并广泛应用于坡度不超过 20°的大面积土方工程，包括挖填、平整、压实及大型基坑开挖和堤坝填筑等项目。

在施工过程中，铲运机的运行路线和施工方法会根据工程的规模、运距、土质和地形条件等因素进行灵活调整。常见的运行线路有环形路线和"8"字路线，铲运机的适用运距通常在 600～1500 米，而当运距在 200～350 米时，其工作效率最高。为了进一步提高效率，我们可以采用下坡铲土、跨铲法或推土机助铲法等技巧，这些方法有助于缩短装土时间并提高土斗的装土量，从而让铲运机的效率得到充分发挥。

（三）挖掘机

挖掘机作为土方工程中的关键机械，依据不同的分类标准有着多种类型，主要可以按照行走方式、传动方式及工作装置来区分。行走方式上，挖掘机分为履带式和轮胎式；传动方式则有机械传动和液压传动之分；工作装置则包括正铲、反铲、抓铲，及在机械传动挖掘机中还会见到的拉铲。

1. 正铲挖掘机

正铲挖掘机擅长挖掘停机面以上的土方，通常需要与自卸卡车配合，完成挖土和运输的全过程。由于其挖掘力强大，正铲挖掘机适用于挖掘含水量较低的第一至第四类土壤，以及经过爆破后的岩石和冻土。其生产效率很大程度上取决于每斗作业的循环时间，因此，为提高效率，除了确保工作面高度满足装满斗的要求外，我们还需要考虑开挖方式和与运土机械的配合，尽可能减少回转角度，以缩短循环时间。

2. 反铲挖掘机

反铲挖掘机主要用于挖掘停机面以下的土方，特别适合挖掘第一至第三类的砂土或黏土。其最大挖土深度一般在 4～6 米，而经济合理的挖土深度为 3～5 米。反铲挖掘机同样需要与运土车辆配合，以实现土方的搬运。其开挖方式多样，既可采用沟端开挖法，也可采用沟侧开挖法。

3. 抓铲挖掘机

抓铲挖掘机在挖掘较松软的土壤时表现出色，特别是在狭窄而深的基坑、深槽、深井等特殊环境下,抓铲挖掘机能够发挥理想的效果。它还适用于挖掘水下淤泥,以及装卸碎石、矿渣等松散材料。现代抓铲挖掘机也采用了液压传动,以提升抓斗的操作灵活性。

4. 拉铲挖掘机

拉铲挖掘机适用于挖掘第一至第三类土壤,能够挖掘停机面以下的土方,如大型基坑、沟渠和水下泥土,同时也可用于路基和堤坝的填筑。在挖土时,拉铲依靠土斗的自重和拉索的拉力切土,卸土时利用斗齿朝下,借助惯性,即使面对较湿的黏土也能有效地卸净。不过,拉铲挖掘机开挖的边坡和坑底平整度相对较差,往往需要额外的人工修整。

每种类型的挖掘机都有其特定的应用场景和优势,选择合适的机型能够极大地提升施工效率和工程质量。

二、土方的填筑与压实

(一)土料的选用与处理

在进行土方工程时,填方土料的选择至关重要,它直接关系到填方的强度、稳定性及工程的质量和安全。填方土料应严格符合设计要求,以确保填方的强度和稳定性。理想的填料应具备高强度、低压缩性、良好的水稳定性及便于施工的特点。

在没有特定设计要求的情况下,我们应遵循以下规定选择填料:

1. 碎石类土、砂土和爆破石碴

这些材料的粒径应不超过每层铺厚的2/3,适合用作表层下的填料。

2. 黏性土

含水量符合压实要求的黏性土可以作为填土。尽管在道路工程中,黏性土不是理想的路基填料,但如果必须使用,需要确保充分压实并配备适当的排水设施。

3. 碎块草皮和有机质含量高的土

这类土料仅适用于无压实要求的填方。

4. 淤泥和淤泥质土

通常不推荐作为填料,但在软土或沼泽地区,经过适当处理并满足压实要求后,可以用于填方中的次要部位。

5. 含水量控制

填土的含水量必须严格控制。施工前我们应进行含水量检验。如果土的含水量过高,应采取翻松、晾晒、风干等方法降低含水量,或者通过换土回填、掺入干土或其他吸水材料、打石灰桩等措施来处理。如果含水量过低,我们则需要预先洒水湿润,以便于压实。

总之,合理选择和处理填方土料,是确保土方工程成功的关键步骤。通过严格遵守上述规定,我们可以有效提高填方工程的质量和稳定性。

（二）填土的方法

在土方工程中，填土作业是构建稳定结构的基础。填土的方式主要分为人工填土和机械填土两种。

人工填土通常依赖手推车来运输土料，然后使用锹、耙、锄等工具进行填筑。这种方法从最低部分开始，按照从一端到另一端的顺序，自下而上分层铺填，确保每一层都能均匀压实。

相比之下，机械填土则利用推土机、铲运机或自卸汽车等机械设备进行。使用自卸汽车进行填土时，我们需要推土机来推开和推平土料。机械填土的优势在于我们可以利用机械的行驶过程进行部分压实工作，提高填土的效率和压实度。

无论是采用人工还是机械填土，我们都应遵循从低处开始，沿整个平面分层进行的原则，并逐层压实。特别是机械填土，要避免从高处直接倾倒填筑，以免造成土层不均匀和压实度不足。正确的填土方法能够确保填方工程的质量和稳定性，为后续的施工打下坚实的基础。

（三）压实方法

填土的压实方法有碾压、夯实和振动压实等。

1. 碾压

碾压技术广泛应用于大面积的填土工程中，以确保填土的密实度，从而提高地基的承载能力和稳定性。这一过程通常通过各种类型的碾压机械来完成，这些机械包括平碾（即压路机）、羊足碾及汽胎碾。

平碾是最常见的碾压设备，因其结构刚性，能提供持续稳定的压实效果，适用于多种土壤类型。羊足碾，以其独特的"羊足"状碾压器而得名，这种设计使其对黏性土具有较好的压实效果，因为"羊足"可以深入土壤，挤压并排出空气，但不适合砂土，因为砂土颗粒在高单位压力下容易向四周分散，导致土壤结构受损。汽胎碾则是一种弹性碾压设备，它的轮胎在接触地面时能提供更均匀的压力分布，这有助于获得更高质量的填土效果，尤其是对于需要精细压实的场合。

在某些情况下，施工团队可能会利用运土工具，如自卸卡车或推土机，在运送土方的过程中对土壤进行初步压实。这种方法可以节省时间和成本，尤其是在施工组织得当的情况下，可以有效利用运输过程中的重量对土壤进行预压实。然而，若仅依赖运土工具进行土壤压实，其经济效益并不高，因为这会显著增加压实成本，大约是使用专业平碾设备的两倍。

2. 夯实

夯实技术主要应用于小规模的填土工程，无论是黏性土还是非黏性土都能得到有效处理。相较于其他压实方法，夯实的一大优势在于它能够对较厚的土层进行压实，确保土壤的紧密度和稳定性。夯实作业通常采用的设备包括夯锤、内燃夯土机及蛙式打夯机等，每种设备都有其特定的应用场景和效能特点。

夯锤作为重型夯实工具，需要配合起重机操作，通过将其提升至 2.5～4.5 米的高度然后自由落下，产生的冲击力足以对土壤进行深层压实，影响深度甚至可以超过 1 米。这种技术特别适合于湿陷性黄土、杂填土及含石块的填土，能够有效改善土壤结构，提高承载力。

内燃夯土机和蛙式打夯机则是更为常见且应用广泛的夯实机械。它们的操作深度通常在 0.4～0.7 米，适于大多数常规的小面积填土工程，能够快速而有效地完成土壤压实任务，确保施工质量和进度。

相比之下，传统的手工夯实方式，如使用木夯或石夯，由于效率低下且劳动强度大，在现代施工中已经很少被采用。随着技术的发展，机械化和自动化程度更高的夯实设备已经成为行业标准，极大地提升了施工效率和压实效果。

3. 振动压实

振动压实主要用于压实非黏性土，采用的机械主要是振动压路机、平板振动器等。

（四）影响填土压实的因素

填土压实的质量受到多种因素的影响，其中最为关键的三个因素包括压实功、土的含水量及每层铺土厚度。这三个因素相互作用，共同决定了填土压实后的密度和稳定性。

1. 压实功的影响

压实功是指压实机械在填土上施加的能量，它直接影响着土壤的压实程度。在一定含水量的条件下，初期的压实功会显著提升土壤的重度，但当接近土壤的最大重度时，即使增加更多的压实功，土壤的重度也不会有显著的增加。因此，在实际施工中，针对不同的土壤类型，我们应根据所选的压实机械类型和所需的密实度目标，合理确定压实的遍数。值得注意的是，对于松散的土壤，我们不应直接使用重型碾压机械进行压实，因为这样可能导致土壤表面出现不规则的起伏，降低压实效率。正确的做法是先用轻型碾压机进行初步压实，之后再使用重型机械进行最终压实，以获得更好的压实效果。

2. 土的含水量的影响

土壤的含水量对压实质量有直接而显著的影响。过于干燥的土壤，由于颗粒间的摩擦阻力较大，不易被压实。而当土壤含水量适当时，水起到润滑剂的作用，降低了颗粒间的摩擦力，使土壤更容易被压实。然而，如果土壤含水量过高，水分会占据孔隙空间，由于水的不可压缩性，这将阻碍土壤的有效压实。特别是对于黏性土，高含水量时压实容易形成所谓的"橡皮土"，即土壤变得如同橡胶般难以压实。每种土壤都有其最佳含水量，在这一含水量下，使用相同的压实功进行压实，可以获得最大的干重度。实验室测试可以确定不同土壤的最佳含水量和对应的最高干重度。在施工过程中，我们应控制土壤的实际含水量与最佳含水量之间的差异在 −4%～+2% 的范围内。

3. 每层铺土厚度的影响

在压实功的作用下，压应力随深度增加而逐渐减弱，其影响深度受压实机械类型、土壤性质和含水量等因素的影响。铺土层的厚度应小于压实机械的有效压实深度，并且考虑到最优的土层厚度。铺土过厚会导致需要多次压实才能达到规定的密实度，而铺土过薄则会增加总的压实遍数，增加能耗。因此，寻找最适宜的铺土厚度，即既能确保土壤充分压实又能最小化机械功耗，是提高压实效率的关键。

综上所述，通过合理控制压实功、调整土壤含水量及优化铺土厚度，我们可以有效提升填土压实的质量和效率，确保工程项目的稳定性和安全性。

第四章

建筑工程

第一节　基本构件

一、板

结构构件作为建筑物的基本组成单元，它们连接在一起构成了整个结构系统，类似于人体骨骼对身体的支撑作用。在建筑学中，结构可以分为两大类：承重结构和围护结构。承重结构负责承载建筑物自身重量、外部荷载及内部使用荷载，形成稳固的骨架；围护结构则包括门窗、墙体等，主要起到隔断和保护室内环境的作用。

在设计和建造中，结构构件依据其在建筑中的位置、功能和形状，可以细分为多种类型。水平构件，如板和梁，主要用于承受垂直荷载，其主要受力形式为弯矩和剪力；竖向构件，例如柱和墙，不仅支撑水平构件，还承担水平荷载，如风压或地震力。此外，还有一些构件能够同时应对水平和竖直方向的荷载，如拱、壳体结构、张拉膜结构和桁架等。

板是一种典型的水平构件，其特点是平面尺寸远大于厚度，通常用于水平或倾斜方向，如楼梯板，以承受来自上方的垂直荷载。在工程实践中，板的应用十分广泛，涵盖了屋面板、楼面板、地下室底板及特定的梯板等。

我们可以从多个维度对板进行分类：

1. 位置

依据在建筑中的位置，板可以分为屋面板、楼板、基础底板等。

2. 材料

基于所使用的材料，板可以分为钢板、钢筋混凝土板、木板、预应力混凝土板等。

3. 平面形式

按照板的几何形状，可以有方形板、矩形板、T形板、密肋板、三角形板和圆形板等。

4. 受力形式

根据荷载传递方式，板可分为单向板和双向板。单向板将荷载沿较短的一边传递给支撑构件，而双向板则沿两个方向均匀传递荷载。具体来说，当板的长边与短边长度比小于或等于2.0时，我们应设计为双向板；当比值大于或等于3.0时，我们可以视为单向板；介于两者之间的，我们则倾向于按双向板设计，以确保结构的安全性和经济性。

通过对这些不同类型的结构构件进行科学的设计和组合，建筑师和工程师能够创造出既美观又实用的建筑作品，满足人们对空间的各种需求。

二、梁

在工程结构设计中，梁是一种关键的水平构件，它被支座支撑，并主要承受弯矩和剪力，其特征是以弯曲为主要变形模式。梁的截面尺寸相比其跨度而言要小得多，这种设计使得梁能够在承受垂直荷载的同时保持结构的稳定性和强度。根据不同的标准，梁可以被划分为多种类型：

1. 按材料分类

依据梁的制造材料，我们可以将其分为钢梁、钢筋混凝土梁、木梁及钢与混凝土组合梁等。每种材料赋予梁不同的力学性能和适用场景，例如钢梁具有较高的强度和韧性，适合大跨度和重荷载的情况，而钢筋混凝土梁则因其成本效益和耐久性而在民用建筑中广泛使用。

2. 按截面形式分类

根据梁的截面形状，可以有矩形梁、T形梁、工字梁（I形）、槽形梁、倒T形梁和箱形梁等多种类型。这些不同的截面设计影响着梁的抗弯能力和稳定性，比如工字梁和箱形梁因其高效的截面利用而常用于需要高承载力的结构中。

3. 按功能和位置分类

在结构体系中，梁依据其位置和作用可以进一步被细分为主梁、次梁、连系梁、圈梁和过梁。次梁通常位于主梁之上，直接承受来自楼板的荷载并将之传递给主梁；主梁除了接收来自次梁和楼板的荷载外，还要将这些荷载最终传至竖向承重构件，如柱子；连系梁则是用于加强结构间联系，提升整体性的重要构件；圈梁在砌体结构中尤其重要，它沿着房屋的水平方向设置，形成封闭环路，显著增强建筑的刚度和抗震性能；而过梁则专门用于门窗洞口上方，承担洞口上部的荷载，保证洞口处结构的连续性和安全性。

通过精心选择梁的类型及其在结构中的布置，工程师能够设计出既符合力学原理又能满足建筑美学要求的高效结构体系。

三、柱

在建筑工程中，柱作为承重的竖向构件，扮演着至关重要的角色。它们的主要职责是承受轴向压力，包括由梁传递的垂直荷载、自身重量，同时还需要抵抗由地震和风引起的水平力，并将这些荷载安全地传递到基础部分。柱的健康状态直接影响着整个结构的安全性，一旦柱发生破坏，往往会导致结构的整体崩溃。

柱的分类多样，我们可以从多个维度进行区分：

1. 截面形式

柱的截面形状，常见的有方柱、圆柱、管柱、矩形柱、工字形柱、H 形柱、T 形柱、L 形柱、十字形柱等。每种截面都有其独特的力学特性，例如，圆形和管状截面具有较好的抗扭性能，而工字形和 H 形截面则在抗弯方面表现优异。

2. 材料构成

柱的材料决定了其承载能力和耐久性，常见的有石柱、砖柱、砌块柱、木柱、钢柱、钢筋混凝土柱、钢管混凝土柱等。现代建筑中，钢筋混凝土柱和钢柱由于其高强度和良好的塑性变形能力，成为主流选择。

3. 长细比

柱的长细比是衡量其稳定性的重要指标，根据这一比例，柱可以分为短柱、长柱和中长柱。短柱定义为高度与截面宽度比小于 4 的柱子，这类柱在破坏时主要表现为剪切破坏，且破坏前缺乏明显的预兆，因此在设计中我们应当尽量避免。长柱和中长柱的破坏机制更为复杂，可能涉及屈曲问题，设计时我们需要特别关注其纵向稳定性。

了解并正确应用柱的分类原则，对于确保建筑物的结构安全和优化设计至关重要。在实际工程实践中，工程师会根据具体项目的荷载情况、环境条件和经济因素，综合考虑上述分类因素，选择最合适的柱型和材料，以实现结构的稳固与经济性。

四、墙

墙壁是建筑物中不可或缺的组成部分，它们不仅在视觉上界定空间，更在功能上承担着多重角色。它们是由砖、石、混凝土等材料构建而成的竖直构件，主要职能包括空间划分、外围防护、承载负荷，同时兼具保温、隔热和隔音的效能，为居住者提供舒适与安全的环境。

墙体的分类丰富多样，依据不同的标准我们可划分为各种类型：

1. 位置分布

根据墙体在建筑物中的位置，有内墙和外墙之分。内墙主要用于分割内部空间，其中特地用于分隔不同房间的称为隔墙；外墙则面向外部环境，位于建筑两端的外墙被称为端墙或山墙，而那些延伸至屋顶之上、高于屋面的部分，则被命名为女儿墙，用于增加安全性并美化建筑外观。

2. 受力特性

基于墙体承受负荷的能力，有承重墙和非承重墙之分。承重墙与柱的功能相似，不仅需承担自身的重量，还要承受来自梁、楼板的垂直荷载，同时具备抵御风压和地震水平力的能力。然而，与柱不同的是，承重墙还兼具围护与分隔的双重使命。相比之下，非承重墙仅负责划分室内区域，不承担上层建筑的重量，其主要作用在于空间布局的灵活性。

3. 施工工艺

从建造方式的角度出发，墙体可分为现场砌筑的砖墙、砌块墙，以及现场浇筑的混凝土或钢筋混凝土板式墙。此外，还有在工厂预制、现场进行组装的板材墙和组合墙，这类墙体因其高效快捷的安装过程，日益受到建筑行业的青睐。

墙的种类繁多，每一种都有其特定的应用场景和优势。在设计与建造过程中，建筑师和工程师需仔细考量建筑需求、环境因素及成本效益，合理选择墙体类型，以实现结构的稳定性和功能性的最大化。

五、拱

拱是一种优雅且高效的结构形式，它以独特的曲线或折线形状，主要承受轴向压力，并通过两端的支点传递水平推力来保持平衡。这种结构设计巧妙地避免了材料的弯曲变形，使得拱能够充分利用抗压性能优良的建筑材料，如砖石或钢筋混凝土，从而充分发挥材料的力学特性。

在实际工程应用中，拱结构因其卓越的承重能力和美观性，常被用于大跨度的空间结构，如礼堂、展览馆、体育场馆、火车站、飞机库等建筑物的屋盖承重系统，以及桥梁建设。与传统梁结构相比，相同跨度下的拱结构能够显著减少材料使用量，降低建筑成本，同时提供更大的内部空间。

拱结构的多样化体现在多个方面，具体分类如下：

1. 材料分类

根据所使用的材料，拱可以分为砖砌拱、混凝土拱、钢拱等多种类型。每种材料赋予拱结构不同的质感与耐久性，适应于不同的建筑风格和环境要求。

2. 形状分类

按照拱的几何形态，有箱形拱、圆弧拱、双曲拱、肋拱、桁架拱和刚架拱等。这些不同的形状不仅影响着结构的美学效果，也关乎其力学性能和适用场景。

3. 支撑条件分类

依据拱的支撑方式，有三铰拱、双铰拱、带拉杆的两铰拱和无铰拱之分。支撑条件的变化直接影响到拱的稳定性、强度及对水平推力的处理方式，这是设计时需要重点考虑的因素之一。

拱结构凭借其独特的力学原理和丰富的设计变化，在建筑和桥梁工程领域占据重要地位。无论是历史遗迹中的古罗马拱门，还是现代城市中的大型公共建筑，拱都是展现人类智慧与创造力的经典元素。

（a）　　　　　　（b）　　　　　　（c）　　　　　　（d）

图 4-1　不同支撑条件的拱

（a）三铰拱；（b）拉杆拱；（c）两铰拱；（d）无铰拱

六、壳

壳体结构是一种高效的空间承载体系，它利用精巧的几何形态，以非常薄的厚度覆盖广阔的空间，主要承担压力负荷。壳体之所以能够承受巨大的载荷，关键在于其曲面设计能够将施加在其上的力均匀分布至整个结构表面，形成一种整体性的稳定状态。这种结构能够有效抵抗由于外部作用产生的沿壳面方向的内力，同时也具备一定的能力应对垂直于壳面的弯矩、剪力和轴向力等其他类型的内力。

壳体结构的多样性体现在多个维度上，具体分类如下：

1. 材料分类

根据所采用的建造材料，壳体结构可以分为混凝土壳、钢结构壳、木结构壳及复合材料壳等。不同的材料赋予壳体结构不同的物理性能和视觉效果，同时也决定了其施工工艺和维护需求。

2. 形式分类

依据壳面的几何形态，壳体结构可进一步划分为薄壳和网壳两大类。薄壳通常指连续的曲面结构，而网壳则是由一系列离散的杆件按照特定规律构成的网格状壳体，既具有壳体的轻质高强特点，又兼备框架结构的灵活性。

3. 曲面生成分类

按照曲面生成的方式，壳体结构可以细分为球壳、筒壳、圆顶薄壳、双曲扁壳和双曲抛物面壳等。这些不同类型的壳体，各自拥有独特的几何特征，适用于从穹顶、屋顶到特殊造型的建筑等各种应用场景。

总之，壳体结构以其优异的空间承载能力和美学价值，在现代建筑设计中占据了重要位置。无论是作为大型公共建筑的标志性元素，还是工业设施和体育场馆的实用解决方案，壳体结构都能展现出其独特的魅力和结构效能。如图 4 - 2 所示。

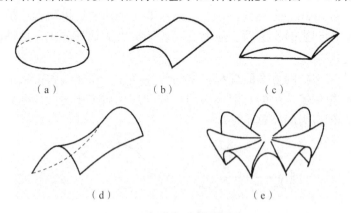

（a）　　　　　　　（b）　　　　　　　（c）

（d）　　　　　　　　　　（e）

图 4 - 2　常见的壳面形式

（a）球壳；（b）筒壳；（c）双曲扁壳；（d）双曲抛物面壳；（e）组合壳

七、膜

膜材，作为建筑领域的一种创新材料，正逐渐确立其在现代建筑中的地位，被誉为继传统砖、石、混凝土、钢材及木材之后的"第六种建筑材料"。膜结构，亦称张拉膜结构，凭借其独特的属性和设计潜力，已成为21世纪建筑界的明星，预示着未来建筑的发展趋势。膜结构建筑的魅力与优势主要体现在以下几个方面：

1. 美学革新

膜结构打破了传统建筑单一的直线构造，引入了流线型与有机形态的设计理念，赋予建筑物前所未有的灵动与美感，使其成为城市景观中的亮点。

2. 自然光照利用

采用高透光性的膜材，膜结构建筑能够最大限度地利用自然光，为内部空间提供充足的光照，减少人工照明的使用，从而实现能源节约与环保目标。

3. 安全性能

膜结构的自重显著低于传统建筑材料，这意味着在地震或其他自然灾害情况下，即使结构受损，其对人员造成的威胁也相对较小，提升了建筑的安全系数。

4. 防火与耐温特性

膜材不仅具备良好的阻燃性能，还能承受较高的温度，结合其轻质特性与出色的变形适应能力，膜结构建筑在面对火灾或极端气候条件时，能够表现出更佳的稳定性和安全性。

5. 施工周期比传统建筑短

膜结构按曲面构成的不同，可分为鞍形膜、伞形膜、拱支式膜和脊谷式膜，如图4-3所示。

膜结构建筑的这些优势，使其在体育场馆、展览中心、交通枢纽乃至临时建筑等领域得到了广泛应用，不仅满足了功能需求，还创造了令人印象深刻的视觉体验。随着技术的不断进步，膜材的种类与性能也在持续优化，这预示着膜结构将在未来建筑领域扮演更加重要的角色。

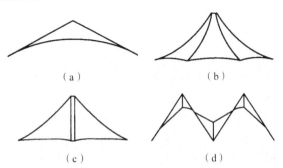

图4-3　不同曲面构成的膜剖面图
（a）鞍形；（b）伞形；（c）拱支式；（d）脊谷式

八、杆

杆是建筑中常用的一种构件形式，它只能用于承受轴向压力或拉力，不能用于承受弯矩和剪力（图4-4）。杆的两端通过球铰或平面圆柱铰与其他物体连接。

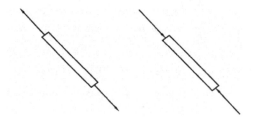

图4-4 承受轴向拉力（左）和压力（右）的杆

在工程设计与建筑学中，杆件因其长细比显著的特点，往往展现出易受失稳影响的特性，这主要是因为它们在承受荷载时容易产生屈曲现象。鉴于此，杆件通常不会被孤立地应用在结构中，而是通过精心设计的组合，形成杆系结构，以此来增强整体的稳定性和承载能力。尽管单根杆件仅能有效抵抗轴向压力或拉力，但当它们联结成体系时，如桁架结构或网架结构，便能协同工作，共同抵抗更为复杂的外力，包括弯矩、剪力、扭矩及轴力。

桁架结构，通过一系列三角形构架的连接，不仅优化了材料的使用效率，还极大地提高了结构的刚性和稳定性。每个杆件在桁架中都承担着明确的受力角色，无论是承受拉力还是压力，都能确保整个结构的均衡与安全。

网架结构则进一步发展了这一概念，它是由多向交叉的杆件组成的立体网络，能够覆盖大跨度空间而无须中间支撑。这种结构不仅能承受垂直荷载，还能有效分散风力等横向作用力，确保结构在各种环境条件下的稳固。

总之，杆系结构通过巧妙地组合杆件，克服了单个构件的局限性，创造出既美观又实用的建筑解决方案，广泛应用于桥梁、体育馆、机场航站楼等大型公共设施中。

九、索

索，作为结构工程中的一种关键构件，其设计与应用主要围绕其出色的抗拉性能展开。索由高强度的钢缆构成，既可以采取直线形态，也可以根据设计需要弯曲成曲线。不同于刚性构件，索属于典型的柔性构件，这意味着在单一荷载作用下，它会呈现出特定的形态，即"形态找形"。索的这一特性，使得它在承受荷载时能够以最小的材料量达到最大的效能，同时也赋予了结构以独特的美学价值。

然而，索的形态并非固定不变，它对荷载的变化极为敏感。例如，当作用于索上的荷载从均匀分布转变为集中荷载时，索的形状会发生显著变化，以适应新的荷载分布模式。这种特性要求在设计和施工过程中，我们必须精确计算和控制索的张力，确保结构的安全性和稳定性。

索的应用范围广泛，从现代建筑中的悬索桥、索穹顶到体育场馆的屋顶结构，再到艺术装置和临时建筑，都可以见到索的身影。在这些应用中，索不仅承担着重要的结构功能，还经常成为设计中的亮点，体现了工程与艺术的完美结合。

索采用的材料非常广泛，有圆钢、钢绞线、钢丝绳等，如图 4 - 5 所示。

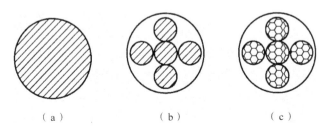

（a）　　　　　　（b）　　　　　　（c）

图 4 - 5　不同截面形式的索

（a）圆钢；（b）钢绞线；（c）钢丝绳

由于具有质量轻、造型灵活的优点，索在工程中得到了广泛应用，如桥梁结构中的悬索结构、斜拉索桥，建筑工程中大跨度的体育馆、飞机场等。

第二节　建筑结构的基本形式

一、按结构构件的材料分类

（一）木结构

木结构，作为一种历史悠久且充满自然魅力的建筑形式，主要是由木材及其衍生物构建而成，利用木材作为主要承重材料。木材间的连接通常采用金属连接件或者传统的榫卯工艺，确保结构的稳固性和持久性。由于木材本身的特性和局限性，传统木结构多被应用于住宅建筑、小型工业设施的屋顶系统及桥梁和临时构筑物中，展现出了其在轻型结构领域的独特优势。

近年来，随着胶合木技术的进步，木结构的应用领域得到了显著拓展。胶合木结构，通过将多层木质板材按纹理交错叠放并用强力黏合剂胶合而成，既发挥了木材强度高、重量轻的特点，又有效克服了木材易裂、尺寸不稳定的缺点。这种创新性的结构方式提高了木材的使用效率和结构的可靠性，使得大型和复杂建筑物也能采用木结构，尤其是在那些注重环保和可持续发展的国家和地区，胶合木结构成了现代木结构建筑的主流趋势，展现了木材在现代建筑中的全新潜力。

（二）砖石结构

砖石结构，作为一种广泛应用的传统建筑形式，是通过使用砂浆将砖块、石材或砌块紧密砌筑在一起而形成的。这种结构常见于基础工程、墙体、柱子、拱形构造、烟囱及水池的建造之中。砖石结构的优势在于能够就地取材，成本相对低廉，同时具备良好的耐火性能和较长的使用寿命，加之施工技术简单易学，便于在广大地区推广和实施。

然而，砖石结构亦有其固有的局限性。砌体材料本身的强度，尤其是抵抗拉力和剪切力的能力较为薄弱，这在一定程度上限制了其在高层或大跨度建筑中的应用。此外，砖石结构的抗震性能相对较差，在地震频发区域可能需要额外的加固措施。砌筑过程依赖大量的人工操作，劳动强度较高，且难以实现高度的工业化生产，这与现代建筑追求的高效、快速施工理念有冲突。尽管如此，砖石结构在许多非地震区及对成本控制严格的项目中仍然占据着重要地位，其独特的审美价值和文化意义也是不可忽视的。

（三）混凝土结构

混凝土结构，作为现代建筑领域中最为常见的结构类型之一，主要由混凝土构建的梁、板、柱等组成。它凭借独特的优势在众多建筑体系中脱颖而出。首先，混凝土的浇筑特性使其能够形成一个坚固的整体，确保结构的连续性和稳定性。其次，混凝土的可塑性极佳，可以根据设计需求浇筑成几乎任何所需的形状和尺寸，赋予建筑师极大的创作自由度。此外，混凝土结构具有优异的耐久性和耐火性能，能够在恶劣环境中保持长期稳定，同时降低整个生命周期内的维护成本。

然而，混凝土结构也存在一些固有的局限性。其中最显著的是混凝土的抗拉强度相对较低，这导致结构在承受拉力时容易产生裂缝，影响美观和耐久性。另外，混凝土的密度较高，这使得混凝土结构的自重通常大于钢结构或木结构，对地基承载力要求更高。混凝土浇筑作业受到气候和季节的影响较大，寒冷或极端天气条件下施工质量难以保证。再者，新旧混凝土之间的结合不易，这给结构的后续修复和加固工作带来了一定难度，特别是在需要与既有结构衔接的情况下。尽管如此，通过合理的结构设计和施工管理，混凝土结构仍能有效克服这些挑战，展现出其在现代建筑中的广泛适用性和经济性。

（四）钢筋混凝土结构

钢筋混凝土结构是建筑工程中的一种重要形式，它巧妙地结合了混凝土和钢筋两种材料的独特属性，实现了结构性能上的互补。混凝土虽然在承受压力方面表现出色，但其抗拉强度却远不及其抗压能力，这一特点限制了其独立使用的范围。为了解决这一问题，工程师们在混凝土构件内部预埋钢筋，利用钢筋优秀的抗拉性能来弥补混凝土的不足。在钢筋混凝土结构中，钢筋主要承担拉应力，而混凝土则负责抵抗压应力，这种组合使结构能够有效地应对复杂的受力状况，确保了结构的安全性和稳定性。

钢筋混凝土结构因其卓越的综合性能，在土木工程领域占据着主导地位。它的优势不仅体现在结构的坚固性和耐久性上，还在于其良好的防火性能，以及相较于纯钢结构更为经济的成本效益。更重要的是，这种结构形式能够大幅度减少对钢材的需求量，对于资源节约和环境保护具有积极意义。因此，无论是民用住宅、商业建筑还是工业设施，乃至桥梁、隧道和水利项目，钢筋混凝土结构都是一种广泛采用且经久不衰的选择。

（五）钢结构

钢结构作为现代建筑领域的关键组成部分，凭借其独特的性能和优势，成了设计和建造大型及复杂结构时的首选。钢结构的核心构建元素包括钢梁、钢柱和钢桁架等，这些构件大多由型钢和钢板精心制作而成。各部分之间的连接通过精密的焊缝技术、高强度螺栓或是传统的铆钉工艺实现，确保整个结构的稳固性和一体性。

其显著特性可以概括为以下几点：

高强度与轻量化：钢结构材料具备极高的强度与质量比，这意味着在承受同等荷载的情况下，钢结构的自重较轻，有利于减少基础工程的负担，提升整体结构的经济性和效率。

优良的机械性能：钢材展现出良好的韧性和塑性，能够在一定范围内吸收和分散外力冲击，同时保证结构的完整性和安全性，材质的均匀性也进一步提升了结构的可靠度。

高度的工业化生产：钢结构的制造和安装过程高度机械化，便于工厂化生产，现场快速组装，大大缩短了施工周期，降低了现场作业的复杂度。

优异的密闭性：钢材的紧密连接和表面处理使其拥有良好的密封性能，有效防止水、气渗透，增强建筑的保温隔音效果。

热稳定性与防火挑战：钢结构在高温下保持稳定，但未经防火处理时，直接暴露于火源下易丧失强度，因此我们需采取额外的防火措施。

防腐蚀需求：尽管钢材本身耐用，但在潮湿或腐蚀性环境中容易生锈，需要定期维护和防腐处理，以延长使用寿命。

环保与可持续性：钢结构的生产过程相对低碳，且钢材可回收再利用，减少了资源浪费，符合绿色建筑的发展趋势。

鉴于上述优势，钢结构在诸如大型工业厂房、体育场馆、高层建筑等领域得到了广泛应用，成为推动现代建筑创新的重要力量。

二、按房屋的结构体系分类

（一）砖混结构

砖混结构中，墙体和柱子作为竖向承重构件，通常由砖或砌块构成，而构造柱及横向承载的梁、楼板和屋面板则使用钢筋混凝土。这种结构方式适用于开间和进深较小、房间面积有限的多层或低层建筑，如住宅、小型商业设施等。然而，由于砖混结构在地震等自然灾害中的稳定性相对较差，并且在资源利用上不够高效，中国近年来在新建项目中正逐渐减少对砖混结构的应用，转而采用更为安全和环保的结构体系。

（二）墙板结构

墙板结构则是另一种结构类型，它通过预制的墙板和楼板共同组成建筑的承重体系。墙板不仅承担着承重功能，同时也作为内部空间的分隔，实现了材料的多功能利用，提高了建筑的建造效率。然而，墙板结构的传统布局限制了室内空间的灵活调整，为了改善这一局限，现代墙板结构正朝着大开间、灵活布局的方向发展。墙板结构常见于住宅、公寓等居住建筑，同时也适用于办公楼、学校等公共建筑领域。

（三）框架结构

框架结构是指由梁和柱组成框架共同抵抗使用过程中出现的水平荷载和竖向荷载的结构（图4-6）。

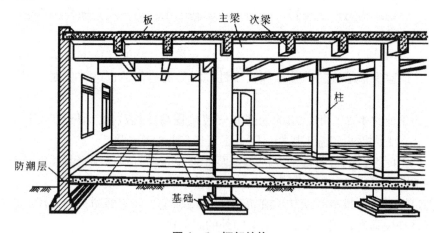

图4-6　框架结构

框架结构是一种常见的现代建筑结构体系，其特点是通过由梁和柱组成的框架来承受建筑物的荷载，包括垂直荷载（如自重、雪载等）和水平荷载（如风力、地震力等）。在框架结构中，墙体并不承担承重角色，它们主要起到围护和分隔空间的作用。这些墙体通常由轻质材料制成，如预制的加气混凝土、膨胀珍珠岩、空心砖、多孔砖，或者是浮石、蛭石、陶粒等轻质板材，这有助于减轻整个建筑的重量并提高能源效率。

框架结构可以根据不同的分类标准进一步细分：

按照跨数的不同，可以分为单跨框架和多跨框架；

按照层数的不同，可以分为单层框架和多层框架；

按照立面构成的不同，可以分为对称框架和不对称框架；

按照使用的材料不同，可以分为钢框架、混凝土框架、胶合木结构框架，或是钢与钢筋混凝土混合框架等。

其中，钢框架和混凝土框架是最为常见的类型，它们各自具有独特的优势。钢框架因其高强重比、快速施工和易于调整的特点而被广泛应用于高层建筑和大型工业设施中。而混凝土框架则以其良好的耐久性、防火性能和成本效益，在住宅、办公和商业建筑中得到了广泛应用。

框架结构的设计灵活性高，能够实现大跨度和开放式的空间布局，因此非常适合需要较大内部空间的现代建筑需求。

（四）剪力墙结构

剪力墙，作为一种关键的结构元素，通常由钢筋混凝土构建而成，不仅具备承受垂直荷载的能力，还拥有极高的抗剪切能力。这种特性使得剪力墙能够在建筑物受到横向力（如风力或地震力）时，有效地抵抗并分散这些力量，从而保护结构的整体稳定性和安全性。因此，剪力墙在结构工程中被称为"抗剪构件"。

剪力墙结构体系充分利用了剪力墙的这些特性，它被设计成能够同时承担建筑物的竖向荷载和水平荷载，并且作为建筑物的外围护结构及内部空间的分隔构件。这种结构体系因其出色的侧向刚度和较小的变形特性，在高层建筑中得到了广泛采用，特别是在那些对抗震性能要求较高的地区。

剪力墙结构的适用范围非常广泛，尤其适合于住宅楼、酒店、公寓等需要大量居住单元和较小开间的建筑类型。在这些类型的建筑中，剪力墙可以灵活地布置，形成既满足结构安全又符合使用功能的空间布局，使得建筑物在保证结构稳定性的同时，还能满足人们对于居住舒适度和生活便利性的需求。

（五）框架—剪力墙结构

框架–剪力墙结构，亦称框–剪结构，是一种结合了框架结构与剪力墙结构优点的复合型建筑结构体系。在这一体系中，框架和剪力墙共同扮演着竖向承重结构的角色，通过协同工作来优化建筑的结构性能。

框架结构以其布置的灵活性著称，能够创造出开放、宽敞的室内空间，特别适用于需要大跨度、无柱阻挡的区域。然而，框架结构在抵抗水平荷载（如地震或强风）方面存在局限性。相比之下，剪力墙结构在抵御水平荷载方面表现优异，但其固有的刚性限制了建筑的平面布局自由度。

框架–剪力墙结构巧妙地融合了这两种结构形式的优点，通过在框架的特定柱间设置剪力墙，既能保持建筑空间的灵活性，又能显著增强结构抵抗水平荷载的能力。这样的结构体系不仅承载能力强大，而且能适应复杂多变的建筑平面和立面设计，尤其适用于那些具有复杂平面布局或面临较大水平荷载的高层建筑项目。通过这种创新的设计，框架–剪力墙结构为建筑师提供了更大的创作自由空间，同时确保了建筑物的安全性和耐久性。

（六）筒体结构

筒体结构由框架—剪力墙结构与全剪力墙结构综合演变和发展而来。筒体结构是将剪力墙或密柱框架集中到房屋的内部和外围而形成的空间封闭式的筒体，如图4-7所示。其特点是剪力墙集中而获得较大的自由分割空间，多用于写字楼建筑。

（七）壳体结构

壳体结构是一种能够高效地将承受的压力均匀分布至整个结构表面的建筑形式。

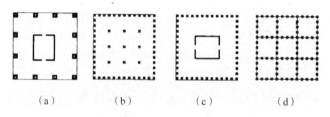

图 4 - 7　筒体结构

（a）框架—筒体结构；（b）框筒结构；（c）筒中筒结构；（d）成束筒结构

这一特性使得壳体结构能够被塑造成多种多样的形态，因此在工程设计领域得到了广泛应用。从壮观的大跨度建筑物顶盖到实用的中小跨度屋面板，从复杂的工程结构到各式各样的工业用途，如管道、压力容器、冷却塔及反应堆的安全外壳，壳体结构都发挥着至关重要的作用。此外，壳体结构还常见于无线电通信塔、液体储存罐等设施中。

在材料选择上，工程结构中的壳体大多采用钢筋混凝土建造，这种材料不仅成本效益高，而且强度与耐久性俱佳。不过，根据具体的应用场景和设计需求，壳体结构也可以使用钢、木材、石材、砖块或是轻质高强度的玻璃钢等其他材料来制作。这些多样化的材料选项赋予了壳体结构极高的适应性和设计灵活性，使其成为现代工程结构中不可或缺的一部分。

（八）网架结构

网架结构是由多根杆件按照一定的网格形式通过节点连接而成的空间结构，杆件以钢制的管材或型材为主。网架结构按外形的不同可以分为平面网架和曲面网架两类（图 4 - 8）。

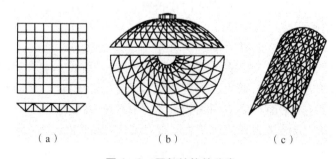

图 4 - 8　网架结构的分类

（a）平面网架（双层）；（b）曲面网架（单层、双曲）；（c）曲面网架（单层、单曲）

由于具有空间受力小、重量轻、刚度大、抗震性能好等优点，网架结构可用作体育馆、影剧院、展览厅、候车厅、体育场看台雨篷、飞机库、双向大柱距车间等建筑的屋盖。网架结构的缺点主要是汇交于节点上的杆件数量较多，制作安装较平面结构复杂。

（九）悬索结构

悬索结构是一种创新的建筑形式，它利用了柔性拉索和其周边的固定组件共同构成承载体系。这种结构中的索可以选用包括钢丝束、钢丝绳、钢绞线、链条、圆钢在内的多种材料，只要它们具备优良的抗拉性能即可。通过巧妙的设计，悬索结构能够充分发挥高强材料的拉伸优势，展现出大跨度、轻自重、材料节约及易于施工的特点。

在现代建筑领域，悬索结构的应用已超越了传统的桥梁工程范畴，广泛延伸至体育场馆、飞机库、展览中心和仓储设施等大型空间的屋盖设计中。这一结构类型不仅能够提供开阔无柱的空间，还能确保结构的稳定性和安全性，同时展现出独特的美学价值，成为当代建筑设计中的一大亮点。

第三节　单层、低层及大跨度建筑结构

一、单层建筑结构

单层的含义是指建筑物仅一层，按照使用目的不同一般可分为民用单层建筑和单层工业厂房。

（一）民用单层建筑

民用单层建筑一般采用砖混结构，即墙体采用砖墙、梁和板采用钢筋混凝土制的梁和板，多用于单层住宅、公共建筑、别墅等。

（二）单层工业厂房

1. 传统单层工业厂房

传统的单层工业厂房，其结构设计以钢筋混凝土柱为核心，柱上设置牛腿以承受吊车梁传递的荷载。屋盖部分通常采用钢屋架结构，搭配钢筋混凝土大型屋面板，通过周密布置的支撑系统增强整个厂房结构的稳固性与整体性。在需要承受大吨位吊车荷载或动力荷载的重型工业厂房中，我们往往会选用钢结构格构式柱，这种设计不仅能提升结构承载力，还能在保证强度的同时，节省钢材用量，减轻结构自重，进而降低建筑成本。

从结构形式来看，单层工业厂房可以分为排架结构与刚架结构。排架结构的特点是柱脚与基础刚性连接，而屋架与柱顶则为铰接，允许一定的旋转。刚架结构则要求横梁或屋架与柱顶刚性连接，根据柱脚与基础的连接方式不同，又可细分为柱脚铰接的刚架和柱脚刚接的刚架（框架结构）。

2. 门式刚架轻型房屋钢结构

门式刚架轻型房屋钢结构源自美国，历经近百年的演变与优化，如今已形成一套设计、制作与施工标准化的成熟体系。这类建筑的柱子和梁多采用等截面或变截面的

H 型钢，梁柱连接节点设计为刚性接头，确保结构的稳固与一体化。门式刚架轻型房屋钢结构适用于各类单层工业厂房、超市、展览馆及仓储式工业和民用建筑。

3. 拱形彩板屋顶建筑

彩钢结构建筑以其轻质、高强度、良好刚性和变形能力，已成为现代工程建设的优选。彩钢结构屋顶采用冷弯薄壁型钢作为主要承重构件，屋面则覆盖拱形彩色热镀锌钢板，这种设计不仅缩短了施工周期，降低了成本，而且彩板间的咬合缝设计有效防止了渗漏，提升了钢构件的耐久性，这使整个结构的预期寿命长达百年之久。彩钢结构建筑的广泛应用，标志着现代建筑技术向着更高效、更环保的方向迈进。

二、低层建筑结构

低层建筑，定义为建筑高度不超过 10 米且楼层不多于三层的建筑类型，常见于住宅、别墅等生活空间。这类建筑以其简洁的结构设计、快速的施工周期和较低的建设成本著称，相较于高层建筑，它们提供了更为舒适的居住体验、便捷的生活方式及更加宜人的空间尺度。然而，低层建筑的一个显著缺点是占地面积较大，导致土地利用效率相对较低，在寸土寸金的城市核心区域，这成为制约其大规模发展的关键因素。

建筑材料的选择对于低层建筑至关重要，常见的类型包括木结构、砌体结构、钢筋混凝土结构及轻型钢结构。其中，轻型钢结构住宅在国际上已展现出成熟的应用和发展前景。该种结构主要由高强度冷弯薄壁型钢构件构成，具备施工快捷、工业化生产水平高、抗震性能卓越、对环境影响小等特点，因此被誉为"绿色建筑"。轻型钢结构住宅不仅减少了建筑过程中的碳排放，还易于维护，延长了建筑的使用寿命，符合可持续发展的理念。近年来，随着人们环保意识的提升和对高品质生活的追求，轻型钢结构的住宅和别墅在我国沿海城市及风景名胜区的度假村建设中得到了日益广泛的推广与应用，展现出良好的市场前景和社会价值。

三、大跨度建筑结构

大跨度建筑结构，指的是那些能够跨越 60 米以上横向空间的建筑形式，广泛应用于需要广阔无柱内部空间的民用与工业建筑中。在民用领域，这类建筑常见于影剧院、体育场馆、展览中心、会议大厅、航空港等大型公共设施；而在工业用途方面，则多用于飞机组装车间、飞机库及其他需要大跨度空间的工厂。

大跨度建筑结构的设计与实施，涉及多种复杂而先进的技术。主要结构类型包括但不限于网架结构、网壳结构、悬索结构、索膜结构、充气膜结构、应力蒙皮结构、薄壳结构及各种组合形式，每一种都以其独特的力学原理和美学效果满足不同的功能需求和视觉体验。

（一）网架结构

网架结构是一种现代大跨度空间结构，通过交错的杆件形成网格状框架，实现对大面积空间的有效覆盖。这种结构因其卓越的稳定性和承载能力，在全球范围内被广泛应用，从壮观的体育场馆到实用的候车厅，乃至飞机库和大型车间，网架结构都能提供既美观又实用的解决方案。

（二）网壳结构

网壳结构与网架结构在概念上有相似之处，但其构建方式更为立体，形成了具有壳体特征的空间构架。杆件按照一定的几何规律排列，既具有杆系结构的刚性，又兼具壳体结构的流线型美感。网壳结构的这一特性使其在设计大型公共建筑时特别受欢迎，能够创造出既坚固又优雅的空间形态，适用于从文化设施到交通站点的各种场景。

大跨度建筑结构不仅是工程技术的体现，也是人类创造力和审美追求的结晶，它们在世界各地的城市天际线上留下了令人印象深刻的印记，同时也在持续推动着建筑领域的创新与发展。

网壳通常可做成单层或双层（图4-9）。

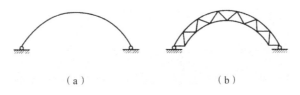

（a）　　　　　　　　　　　　（b）

图4-9　单层和双层网壳
（a）单层网壳；（b）双层网壳

（三）悬索结构

悬索结构依据其受力特征和几何形态，可以划分为平面悬索结构与空间悬索结构两大类。平面悬索结构，顾名思义，是在单一平面内承载外力的体系，这类结构常见于悬索桥的设计，以其优雅的弧线跨越河流或山谷，同时也适用于铺设架空的管道，展现其在直线路径上的高效力平衡能力。

相比之下，空间悬索结构则展现出更为复杂的三维受力状态，它们通常被应用于要求高跨度和视觉冲击力的大型建筑项目中，如体育场馆的大跨度屋盖。这种结构通过精心布置的索网，不仅能够有效分散荷载，还能创造出既美观又实用的顶部覆盖，为观众提供无遮挡的视野体验。

全球范围内，诸多知名体育场馆都采纳了悬索结构来实现其宏伟设计。以中国首都北京的工人体育馆为例，该场馆比赛大厅的屋盖采用了圆形双层悬索结构，直径达到94米，巧妙地融合了力学原理与建筑美学，成为城市中一道亮丽的风景线，同时也是工程技术与创新设计完美结合的典范。

（四）索膜结构

索膜结构作为一种新颖的空间结构形式，它巧妙地结合了高强度的薄膜材料与稳固的加强构件，如钢架、钢柱或钢索，通过在结构内部施加预张应力，形成了独特的空间几何形态。这种结构设计不仅赋予了建筑物轻盈而富有动态的外观，还确保了其在承受外部荷载时的稳定性和安全性。索膜结构的最大优势在于它能够轻易地跨越大尺度空间，无须中间支撑，从而创造出开阔且无遮挡的室内环境，为建筑设计提供了无限的创意可能。

自 20 世纪 70 年代起，索膜结构技术迅速发展并广泛应用到各类大型公共建筑中，包括体育场馆、购物中心、展览馆及交通枢纽等。这些场所往往需要广阔的无柱空间以满足不同的功能需求，索膜结构凭借其卓越的性能和美学价值，成了理想的选择。随着时间的推移，索膜结构的应用领域不断扩大，从临时性展览篷房到永久性地标建筑，均可见其身影。

一个著名的例子便是位于阿联酋迪拜的阿拉伯塔酒店，即世人熟知的帆船酒店。这座被誉为全球最奢华的酒店，在其标志性的设计中融入了索膜结构元素，利用高强纤维材料塑造出流畅的曲线和帆船般的轮廓，使其成为现代建筑中的经典之作，它同时也是索膜结构技术在建筑艺术中应用的杰出典范。

（五）充气膜结构

充气膜结构，亦称为空气支撑结构，是一种创新的建筑形式，它通过在特制的高分子薄膜中注入空气来构建建筑物的外壳。这种结构最早在 20 世纪 40 年代出现，因其独特的轻质特性，迅速成了临时性和半永久性建筑的理想选择，广泛用于体育场馆、展览空间、仓储设施乃至战地医疗站点的搭建。

充气膜结构的灵活性和便携性使其在各种场景下展现出优越性，特别是在需要快速部署和拆卸的场合。这类建筑通常采用轻型材料，便于运输和安装，而且由于其构造的简易性，施工周期大大缩短。此外，充气膜结构允许设计师在建筑造型上进行大胆的创新，创造出独特且引人注目的视觉效果。

一个典型的成功案例是中国北京的国家游泳中心，俗称"水立方"。该建筑采用了先进的充气膜技术，其内外立面上的充气膜结构由 3065 个独立的气枕组成，其中最大的单个气枕面积达到了 70 平方米，整体覆盖面积超过 10 万平方米，展开面积更是高达 26 万平方米。这一规模使"水立方"成为迄今为止世界上最大的全封闭式充气膜结构公共建筑，彰显了充气膜结构在大型项目中的应用潜力。

然而，充气膜结构也存在一些局限性。例如，它们的保温性能和防火能力通常不如传统建筑材料，而且由于结构依赖持续的空气供应来维持形态，一旦发生漏气，就需要即时补充气压，这增加了维护的复杂性和成本。尽管如此，充气膜结构在特定领域的应用仍展现出其不可替代的优势，特别是在追求高效、环保和创新设计的当代建筑实践中。

（六）应力蒙皮结构

应力蒙皮结构一般指用钢质薄板做成很多块各种板片单元并焊接而成的空间结构。

我们考虑结构构件的空间整体作用时，利用蒙皮抗剪可以大大提高结构整体的抗侧刚度，减少侧向支撑的设置。

（七）薄壳结构

薄壳结构作为一种高效的空间利用和结构表现形式，在大跨度建筑的顶盖设计中占据了一席之地。这种结构巧妙地结合了美学与工程学，通过曲面形状分散荷载，从而实现轻量化的同时保证结构强度，特别适用于需要开阔无柱空间的建筑设计。

一个享誉全球的薄壳结构典范便是澳大利亚的悉尼歌剧院。这座标志性的建筑以其独特的壳状屋顶闻名于世，三组巨大的白色壳片仿佛海浪般起伏，矗立在一座长186米、最宽处达97米的现浇钢筋混凝土基座之上。悉尼歌剧院的设计不仅体现了建筑师的天才创意，同时也展现了当时工程技术的卓越成就。

自1973年投入使用以来，悉尼歌剧院不仅是澳大利亚的文化象征，也被公认为20世纪建筑艺术的杰作之一。它的薄壳结构不仅提供了视觉上的震撼，还实现了内部空间的优化布局，无论是歌剧、音乐会还是戏剧表演，都能在此找到理想的舞台环境。悉尼歌剧院的成功，证明了薄壳结构在创造既美观又实用的大跨度建筑方面的巨大潜力，其影响力至今仍在建筑设计领域中回响。

第四节　多层、高层与超高层建筑结构

一、多层建筑结构

多层建筑，作为介于低层和高层建筑之间的一种类型，通常指的是那些高度在10~24米，层数在4~6层的建筑。这类建筑集合了多种优势，使其成为城市规划和房地产开发中的重要选择。

首先，多层建筑相较于低层住宅，能在有限的土地面积上提供更多的居住或办公空间，有效节约用地；其次，与高层建筑相比，其建设周期较短，能够更快地投入市场使用。此外，多层建筑无须配备如高层住宅所必需的电梯、高压水泵和宽敞的公共走道，这在一定程度上降低了初期投资成本。

从结构设计的角度来看，多层建筑往往采用成熟的砖混结构，这种结构不仅施工简便，而且建筑材料容易获取，使得工程造价相对较低，更容易被潜在的购房者所接受。然而，为了增强抗震性能，砖混结构的多层建筑通常还需增设钢筋混凝土圈梁和构造柱，以提高建筑的整体稳定性和安全性。

除了砖混结构，现浇式结构，尤其是现浇钢筋混凝土框架结构，也广泛应用于多层建筑中。这种结构的优势在于布局灵活，能提供开阔的室内空间，适合于各类用途，包括工业建筑、住宅、商场和办公楼等。现浇式结构因其良好的承重能力和空间适应性，成了多层建筑中的主流选择。

近年来，随着工业化生产的推进，装配式和装配整体式结构在多层建筑中得到了越来越多的应用。这类结构通过预制构件现场组装的方式，大大加快了施工速度，减少了现场作业产生的环境污染，符合当前倡导绿色建筑和住宅产业化的趋势。不过，装配式结构在整体性方面可能稍逊一筹，因此在设计和施工时，我们必须采取适当的抗震措施，确保建筑的安全性和耐久性。总之，多层建筑凭借其综合优势，成了平衡建筑功能、经济性和可持续发展需求的理想选择。

二、高层与超高层建筑结构

高层建筑结构，特指那些楼层达到 10 层及以上，或总高度超过 28 米的钢筋混凝土建筑体，而当这些建筑的高度突破 100 米大关时，则被冠以"超高层建筑"的称号。在全球范围内，随着城市化进程的加速，以及经济与科技的飞速发展，超高层建筑逐渐成为衡量一个城市现代化水平和经济实力的重要标志。

这些摩天大楼带来的社会经济效益显著，首先体现在人口集中度的提升上。密集的人口分布促进了信息和资源的高效流通，利用建筑内部的先进竖向与横向交通系统，部门间的沟通距离得以缩短，工作效率因此而提升。其次，由于占地面积的大幅压缩，超高层建筑能够在寸土寸金的城市中心区找到立足之地，这不仅优化了土地资源的利用，也为城市景观增添了标志性元素。再次，集约化的建筑方式有助于降低市政基础设施的建设和维护成本，并可能缩短整个建筑项目的完成周期。

然而，超高层建筑的崛起也伴随着一系列挑战。随着高度的不断攀升，防火安全、灾害预防及由高密度人口和建筑物引发的城市热岛效应等问题日益凸显，成为城市建设者和管理者必须面对并解决的课题。因此，超高层建筑的设计与运营，需要在追求经济效益的同时，兼顾环境保护和公共安全，确保其可持续发展。

1. 框架结构

框架结构在各类民用建筑和工业建筑中都有着广泛的应用。北京长城饭店主楼为钢筋混凝土框架结构，地下 2 层，地上 22 层，总高度为 82.85 m（图 4 - 10）。

图 4 - 10　北京长城饭店

框架结构作为一种常见的建筑构造体系，以其良好的空间灵活性和施工便捷性著称，尤其适用于承受垂直荷载的场合。然而，框架结构在抵抗水平荷载方面存在局限性，如地震力或强风作用下的侧向力，这种不足限制了其在高层建筑中的应用范围。

具体而言，对于钢筋混凝土框架结构，考虑到材料特性和结构稳定性的综合因素，其适宜的最大高度通常不应超过 55 米。而对于钢材制成的框架结构，由于钢材具有更高的强度和延展性，其高度限制相对宽松，但同样出于安全性考量，钢框架结构的建筑高度也不宜超出 110 米。

这一高度界限的设定，是为了确保建筑结构在遭遇极端环境条件时仍能保持稳定，避免发生倒塌等灾难性事故。因此，在设计高层建筑时，工程师往往会选择抗震性能更优、抗侧力更强的结构体系，比如剪力墙结构、简体结构或是混合结构，以克服框架结构在水平荷载抵抗方面的不足，实现更高、更安全的建筑目标。

2. 剪力墙结构

当房屋的层数较高时，横向水平荷载或地震荷载将对结构设计起控制作用。

采用剪力墙结构的房屋整体性好、刚度大，抵抗侧向变形能力强，且抗震性能较好，具有较好的塑性变形能力。因此，剪力墙结构适宜的建造高度比框架结构高。

广州白云宾馆，地上 33 层，地下 1 层，总高度 112.4 m，采用钢筋混凝土剪力墙结构，是我国第一座超过 100 m 的高层建筑（图 4 – 11）。

图 4 – 11　广州白云宾馆

但受楼板跨度的限制，剪力墙间距不能过大，建筑平面布置不够灵活，一般用于高层住宅、宾馆等建筑。

3. 框架—剪力墙结构

当建筑物的需求指向大空间布局且其规划高度超出了纯框架结构所能安全承载的范围，一个有效解决方案是采用框架与剪力墙协同工作的结构体系，即所谓的框架—剪力墙结构。这种结构结合了框架体系的空间灵活性与剪力墙优异的抗侧刚度，能够显著提升建筑对水平荷载（如地震和强风）的抵抗力，同时保持内部空间的开放性。

具体而言，钢筋混凝土框架—剪力墙结构的适用高度通常在 80 ~ 130 米，这使得它成为许多中高层建筑，如办公大楼、酒店和住宅楼的理想选择。而钢框架—剪力墙结构，得益于钢材的高强度和轻质特性，能够支撑更高的建筑，其适宜的高度范围一般在 200 ~ 260 米，这使之成为超高层建筑设计中的常见结构形式。通过优化框架与剪力墙的布置和设计，此类结构能够有效地平衡建筑的经济性、功能性和安全性，满足现代城市中对于高层建筑的多功能需求。

广州中信大厦即为框架—剪力墙结构，楼高 391 m，占地面积 2.3 万 m²，由一幢楼高 80 层的商业大楼和两幢 38 层的酒店式公寓组成，是集写字楼、公寓、商场、会所于一体的甲级综合智能型大厦（图 4 – 12）。

4. 框支剪力墙结构

为了扩大剪力墙的应用范围，在城市临街建筑中，我们可将剪力墙结构房屋的底层或底部几层做成框架，形成框支剪力墙。框支层空间大，可用作商店、餐厅等。

地上 22 层、总高度 71.8 m 的北京兆龙饭店即为框支剪力墙结构（图 4 – 13）。

图 4 – 12　广州中信大厦

图 4 – 13　北京兆龙饭店

5. 筒体结构

无论是何种类型的筒体结构，在承受水平外力作用时，它们都可以被视为固定在基础上的类似悬臂梁的构造。这种结构相比于单一平面结构，拥有显著增强的抗侧向位移刚度和承载力，因此非常适合用来建造更高、更稳固的超高层建筑。筒体结构的这一优势主要源于其整体性和封闭性，其使得整个结构可以作为一个统一的单元来抵抗风力或地震引起的横向力，从而保持建筑的稳定性和完整性。

此外，筒体结构的固有对称性赋予了它极佳的抗扭转性能。这意味着在遭受不对称的外部荷载时，筒体结构能够有效地抑制扭转变形，进一步增强了建筑的抗震能力和整体刚性。这一特性对于超高层建筑尤其重要，因为它们往往处在风荷载和地震活动频繁的环境中，筒体结构的高抗扭刚度可以确保建筑在极端条件下的安全性和耐久性。总之，筒体结构以其卓越的力学性能，成了现代超高层建筑设计中的首选方案。

（1）框架—筒体结构

中心为抗剪薄壁筒，外围为普通框架所组成的结构称为框架—筒体结构。

马来西亚的吉隆坡石油大厦、上海金茂大厦、香港中环广场大厦、南京金陵饭店等超高层建筑均属于此类结构（图 4 – 14）。

图 4 – 14 马来西亚的吉隆坡石油大厦

（2）框筒结构

框筒结构作为一种创新的高层建筑体系，其设计巧妙地融合了强度与灵活性。这种结构的平面布局通常呈现出方形、矩形、圆形或多边形等规则几何形态，其核心特征在于外圈由密集排列的柱子和深度较大的横梁构成一个连续封闭的筒体，而内圈则采用传统的框架结构，由普通框架柱支撑。这种设计不仅赋予建筑以强大的抗侧向力性能，还保证了内部空间的开放性和多功能性。

在框筒结构中，外围的框筒扮演着关键角色，它作为主要的抗侧力构件，能够有效抵御诸如风力和地震等横向作用力，确保建筑的稳定性和安全性。相比之下，内部的框架更多地承担垂直荷载，如楼板重量和使用荷载，这使得内部柱网的布置可以根据具体的功能需求进行灵活调整，从而创造出更加宽敞、灵活的室内环境，满足不同使用者的空间需求。

深圳地铁大厦和厦门建设银行大厦都是框筒结构的成功案例，它们不仅体现了框筒结构在承载力和抗侧刚度方面的优越性，同时展示了这种结构形式在创造多样化、高效利用空间方面的能力，是现代城市天际线中既美观又实用的标志性建筑。

（3）筒中筒结构

筒中筒结构体系是一种高级的高层建筑设计概念，它通过内外双层筒体的协同作用，实现结构的高强度与高稳定性。这一体系的核心组成部分包括内筒与外筒，两者各自承担着不同的力学功能，共同保证建筑的抗侧力性能和整体刚度。

内筒，通常由密集的剪力墙构成，形成一个实质性的封闭筒体，主要负责抵抗建筑物所受的垂直荷载，并提供必要的抗扭刚度。而外筒则分为两种主要类型：框筒和桁架筒。框筒由密集排列的柱子与深度较大的梁连接而成，形成一个连续的框架筒体，能够有效地抵抗横向荷载，如风力和地震力。桁架筒则是在筒体的四个面上使用桁架结构，相较于框筒，桁架筒由于其独特的结构形式，能够提供更为显著的抗侧移刚度，这使建筑在面对侧向力时表现出更佳的稳定性和韧性。

筒中筒结构的优势在于，它不仅能够有效分散和抵抗各种外部作用力，还允许内部空间的自由划分，为建筑设计师提供了广阔的创作空间，同时确保了建筑的安全性和耐久性。这种结构体系在世界范围内的许多超高层建筑中得到了广泛应用，成为现代城市建筑技术的杰出代表。

（4）成束筒结构

成束筒结构体系是一种创新的高层建筑设计方案，其特征在于将多个独立的筒体组合成一束，共同作用以形成极高的空间刚度和卓越的抗侧移能力。这一结构概念源于对更高层次建筑稳定性和效率的追求，通过将至少两个或更多的单筒体并置，共享部分筒壁，不仅增强了结构的整体性，而且每个独立的筒体仍然保持其固有的筒体结构特性。

在成束筒结构中，各筒体之间的相互支撑使得整个建筑能够更好地抵御横向负荷，如强风和地震等自然力的作用。特别的是，这种设计允许在建筑的不同高度中断特定的筒体单元，从而创造出丰富的立面变化和内部空间布局，同时确保结构的侧向刚度和水平承载力随高度渐变，以适应不同的使用需求和环境条件。

成束筒结构因其无与伦比的强度和灵活性，在全球范围内被应用于一些最引人注目的摩天大楼项目中。例如，迪拜的哈利法塔——目前世界上最高的建筑，以及美国的西尔斯大厦（现称为威利斯塔），都是成束筒结构的杰出典范，它们不仅体现了人类工程学的极限，也成了现代都市天际线中的标志性存在。成束筒结构凭借其出色的抗侧移刚度和适应更高的建造要求，成了超高层建筑设计领域的重要里程碑。

6. 巨型结构

巨型结构作为一种前沿的超高层建筑设计理念，它巧妙地结合了大型结构构件与常规结构体系，以巨型梁和巨型柱作为主结构，与次级结构协同作业，共同构建出一种全新的结构体系。这一概念超越了传统的梁柱框架，旨在创建具备卓越抗侧力性能的建筑，能够有效抵抗风压和地震等外部力量。

在巨型结构中，主结构充当关键的抗侧力骨架，次结构则负责承载垂直荷载，包括自重、活荷载，同时也参与分担风荷载和地震力，最终将这些力均匀传递至主结构。这样的设计策略不仅提升了建筑的稳定性，还实现了结构效率的最大化，允许建筑师在不牺牲安全性的前提下，探索更为大胆和创新的建筑形态。

全球多座著名摩天大楼采用了巨型结构，其中包括香港的中银大厦和汇丰银行大厦，美国芝加哥的约翰·汉考克中心，以及日本的 NEC 大厦等。这些标志性建筑不仅展现了巨型结构在工程技术上的突破，同时证明了其在美学和功能性方面的潜力。

巨型结构依据所使用的材料，可以进一步细分为巨型钢筋混凝土结构、巨型钢骨混凝土结构、巨型钢－钢筋混凝土混合结构及巨型钢结构等多种类型。每种材料的选择都会对结构的性能、成本和施工方法产生影响，但总体上，巨型结构遵循"尽量开展"的原则，即充分利用材料的物理属性，达到结构性能的最优化。

从平面和立体的角度审视，巨型结构以其超常规的尺寸和巨大的抗侧刚度，展现出非凡的整体工作性能，成为超高层建筑设计的理想选择。此外，对于建筑师而言，巨型结构提供了无限的创作空间，能够满足各种独特的外观设计和功能需求，将创意与现实完美融合，创造出令人瞩目的建筑杰作。

第五节　特种结构与绿色智能建筑

一、特种结构

特种结构是指具有特种用途的工程结构，也常被称为构筑物，包括高耸结构、海洋工程结构、管道结构和容器结构等。下面我们介绍几种常见的特种结构。

（一）电视塔

电视塔作为城市中的标志性构筑物，常常采用筒体悬臂结构或空间框架结构，它们主要由塔基、塔座、塔身、塔楼及桅杆这五个关键部分构成。这些部分相互协作，确保了电视塔在面对自然环境挑战时的稳定性和功能性。

在全球范围内，电视塔的高度纪录不断被刷新，彰显着人类工程技艺的进步。目前，世界上最高的电视塔是位于日本东京的晴空电视塔，它高达634米，犹如一座直插云霄的现代艺术雕塑，不仅是广播信号传输的重要设施，也是东京的新地标。在中国广州，矗立于市中心的广州新电视塔，于2009年9月竣工，高度达到了600米，曾一度成为中国第一、世界第二的高塔，直到被东京晴空电视塔超越（图4-15、图4-16）。

加拿大的CN电视塔，凭借其553米的高度，稳居世界第三的位置，自建成以来一直是多伦多的标志性景观。而俄罗斯的奥斯坦金诺电视塔，则以540米的高度位列第四，这座塔不仅是莫斯科的象征，也是俄罗斯广播电视传播网络的核心节点。上海东方明珠广播电视塔，尽管在中国已不是最高，但其468米的高度依然让它成为我国的第二高塔，以及全球第五高的电视塔，它的独特造型和观光功能使其成了上海的标志性景点之一。

这些电视塔不仅仅是技术与建筑艺术的结晶，更是城市文化和经济发展的见证者，它们在各自的地平线上傲然挺立，诉说着各自的故事，吸引着来自世界各地的游客。

图4-15　东京晴空电视塔

图4-16　广州新电视塔

（二）烟囱

烟囱作为工业排放系统中的重要组成部分，旨在将燃烧产生的烟气引导至大气中较高位置释放，以减少对地面环境的影响。根据材质和构造的不同，烟囱主要分为砖烟囱、钢筋混凝土烟囱及钢烟囱三大类型。

砖烟囱是一种传统形式，高度通常限制在50米之内。这种烟囱的优势在于能够就地取材，有效节约水泥和模板成本，并且具有良好的耐热性能。然而，砖烟囱的自重大，整体稳定性和抗震能力相对较弱，施工过程也较为复杂，容易在温度变化引起的应力作用下产生裂缝。

当烟囱高度需要超过50米时，钢筋混凝土烟囱便成为更优的选择。这类烟囱通过滑模施工技术建造，包括基础、灰斗平台、烟道口、筒壁、内衬、筒顶和信号平台等组成部分。根据内衬的布置，钢筋混凝土烟囱又可细分为单筒式、双筒式和多筒式，以适应不同的烟气处理需求。

相比之下，钢烟囱的特点是自重轻、抗震性能优越，特别适合地基条件较差的建设场地。然而，钢烟囱的耐腐蚀性不如其他两种材料，需要定期进行防腐蚀维护，以保持其结构安全。钢烟囱根据结构设计，有拉线式和自立式之分，其中拉线式通常用于高度不超过50米的情况，而自立式的钢烟囱则可以达到120米以上的高度。

每种类型的烟囱都有其特定的应用场景和优势，选择合适的烟囱类型对于确保工业设施的安全运行和环境保护至关重要。

（三）水塔

水塔作为一种关键的水务基础设施，被设计成高耸的结构，其主要功能是在城市或乡村的供水系统中储存和分配水资源，同时起到平衡给水网络中水量和水压的作用。一个典型的水塔系统由三个核心部分构成：水柜（用于存储水）、基础（支撑整个结构）和塔身（连接水柜与地面，保证水位高度）。

依据所使用的建筑材料，水塔可以被归类为几种主要类型：钢筋混凝土水塔、钢制水塔，以及砖石塔身与钢筋混凝土水箱相结合的复合型水塔。这些材料的选择不仅影响着水塔的耐用性和维护成本，还决定了其在不同地理环境和气候条件下的适用性。

在外观设计上，水塔呈现出多样化的形态，常见的有圆柱形、倒锥壳形、球形及箱形等。圆柱形是最常见的设计，因其结构简单、承压能力强；倒锥壳形和球形则更多考虑到了减小风阻和提高结构稳定性；而箱形水塔往往在空间受限的城市环境中使用，以优化占地面积。

通过这些精心设计的水塔，供水系统得以维持稳定的水压，确保无论是在用水高峰期还是低谷期，居民和企业都能获得连续可靠的水源供应，从而满足日常生活和生产活动的需求。

（四）水池

水池作为给水排水工程体系中的关键组成部分，主要用于蓄积和储存水源，它们通常被建设于地面之下或地平面以下，以优化空间利用并减少对周围环境的影响。这类设施不仅涵盖了净水厂和污水处理厂中的各种专业水工构筑物，也包括了服务于民用需求的地下储水池及娱乐用途的游泳池等。

从几何角度划分，水池的设计可以分为圆形和矩形两大类，每种形状都有其特定的应用场景和优势。圆形水池往往能够提供更好的结构稳定性和承压能力，而矩形水池则可能更易于适应特定场地的空间布局要求。在材料选择方面，水池可细分为钢质、钢筋混凝土、砖石等多种类型，其中钢筋混凝土水池因其材料经济性、结构简易性和出色的耐久性能而受到青睐，在实践中得到广泛应用。

就施工技术而言，水池的建造方式也有所区别，大致可归纳为预制装配式和现浇整体式两种。前者通过工厂预制构件后现场组装，后者则是在施工现场直接浇筑成型。近年来，预制装配式水池，尤其是采用圆弧形壁板与工字形柱构建池壁的设计，由于其快速施工、便于质量控制的特点，成为行业内的主流选择，尤其适用于需要高效建设和维护的现代水务项目中。

（五）筒仓

筒仓作为一种专门设计用于存储颗粒状或粉末状物料的垂直型容器，在农业、工业及建筑领域扮演着至关重要的角色。这些结构依据材质的不同，主要分为钢筋混凝土、钢结构及砖砌三种形式。其中，钢筋混凝土筒仓凭借其综合性能优势，占据了主导地位，并进一步细分为整体浇筑式、预制装配式、预应力及非预应力几种类型。

在中国，经过实践检验，整体浇筑式的普通钢筋混凝土筒仓因成本效益、长寿命及优秀的抗冲击特性而备受推崇，成了市场上的首选方案。此外，筒仓在平面设计上亦有多种形态，如圆形、矩形、多边形和菱形，但圆形与矩形筒仓因其实用性和经济性，在国内的应用最为广泛。特别是圆形筒仓，其结构受力均衡，材料使用效率高，因此在实际部署中得到了广泛采纳。

二、绿色建筑与智能建筑

（一）绿色建筑

"绿色建筑"这一概念超越了直观的植被覆盖，实际上它象征着一种前瞻性思维，旨在构建与自然和谐共生的居住与工作空间。这种类型的建筑致力于高效利用自然资源，同时确保不对生态环境造成负面影响，促进可持续发展。绿色建筑也被称作生态建筑、环保节能建筑或是回归自然的建筑，它们的核心理念在于实现人与自然的和谐共处。

国际上通用的绿色建筑评估系统通过一套严格的指标体系来衡量建筑的绿色程度，这些指标涵盖了节能、节水、材料使用、室内环境质量等多个方面，并据此将建筑评级为三星、二星或一星，星级越高表明其绿色性能越卓越。

绿色建筑设计时充分考虑到居住者的健康与舒适度，力求室内空间布局合理，减少对合成材料的依赖，最大限度地利用自然光照，减少能源消耗，营造出贴近自然的生活体验。其目标是在满足人类居住需求的同时，维护生态平衡，确保地球资源的可持续利用，体现了一种与自然共生共荣的价值观，力求在人类活动与自然环境之间找到一个平衡点。

（二） 智能建筑

智能建筑的概念源于人类对于建筑内外部信息交互、安全性、舒适度、便捷性及能源效率的日益增长的需求，它是信息时代科技进步的直接产物。智能建筑的精髓在于通过对建筑的结构、系统、服务和管理四个核心要素及其相互关系的精心设计与优化，以合理化的投资，创造出一种融合高效、舒适与便利的建筑环境。

具体而言，智能建筑依托于先进的信息设施系统、信息化应用系统、建筑设备管理系统及公共安全系统，通过集成化的设计思路，将这四大系统与建筑的物理架构完美结合，形成一个高度协调的整体。这样的设计不仅提升了建筑物的安全性与功能性，还极大地增强了其能源效率和环保特性，为使用者营造了一个健康、经济、环保且充满科技感的空间。

智能建筑的兴起，标志着建筑设计与运营进入了一个新的阶段，它不仅满足了现代人对工作与生活环境的高品质追求，还顺应了全球可持续发展的大趋势。随着技术的不断进步，智能建筑正逐步成为行业标准，引领着未来建筑的发展方向，推动着建筑行业的创新与变革。

第五章

交通土木工程

第一节　道路工程

一、道路的分类

（一）公路分类

1. 五个技术等级

公路的分级标准通常基于其年平均昼夜交通量及其在路网中的作用和功能，具体划分为以下五个技术等级：

高速公路：设计用于承受年平均昼夜汽车交通量超过 25 000 辆，具有国家级或区域级的战略意义，专为汽车提供分车道、高速、连续行驶的环境。高速公路全程设置立体交叉路口，严格控制出入口，主要用于长途运输。

一级公路：适用于年平均昼夜汽车交通量在 5000～25 000 辆的道路，连接重要的政治、经济中心及通往关键工矿区。一级公路允许汽车分车道快速行驶，部分路段实施出入控制，并可能设置立体交叉路口。

二级公路：能够应对年平均昼夜交通量在 2000～5000 辆（折算成中型载重汽车）的交通需求，主要用于连接政治和经济中心或服务于大型工矿区，是城市郊区交通繁忙的主干道。

三级公路：适用于年平均昼夜交通量低于 2000 辆（折算成中型载重汽车）的道路，主要作为县与县、县与城市之间的干线，提供日常交通服务。

四级公路：最低级别的公路，设计适应的年平均昼夜交通量在 200 辆以下（折算成中型载重汽车），主要用作连接县与乡镇、村庄的支线公路，为地方交通提供基础支持。

这些分级不仅反映了道路的通行能力，还体现了其在国家和地区交通运输网络中的战略定位和功能，从而指导公路的设计、建设和维护。

2. 五个行政等级

公路系统的层级划分，主要基于其在国家或地区交通运输网络中的作用与重要性，具体分为以下几级：

国道：这是具有全国性政治、经济意义的主干线路，包括重要的国际通道、国防线路，以及连接首都与各省、自治区、直辖市首府的关键道路。国道还覆盖了连接各大经济中心、交通枢纽、商品生产基地及战略要地的线路，构成了国家公路网络的骨干。

省道：省道，即省级干线公路，是省级公路网中具有全省性政治、经济和国防意义的路线，由省、市、自治区统一规划确定。这类公路连接省内重要城市、县市，是省级公路网络的主骨架。

县道：县道具有全县（县级市）范围内的政治、经济意义，主要连接县城与县内乡镇，以及县内主要经济点，是县级公路网络的主干。

乡道：乡道主要服务于乡镇及村落，为乡镇经济、文化、行政活动提供公路交通支持，包括乡与乡之间、乡与外界的联络线路，这些线路不属于县道以上的公路级别。

村道：村道是直接服务于乡村的公路，通常不在一、二、三、四级公路的分类中，主要连接乡村内部或邻近乡村，是乡村公路系统的基础组成部分。

这些不同层级的公路构成了一个完整的交通运输网络，确保了从国家层面到乡村地区的连通性，支撑着国家和地区的经济社会发展。

（二）城市道路的分类

城市道路系统依据其在整体交通网络中的角色和承担的功能，可以划分为四个主要层次：快速路、主干路、次干路和支路，每一级道路都有其特定的设计标准和服务目标。

快速路：这类道路旨在高效地承载城市内部及周边区域的大量交通流量，设计上注重线形平顺，通常采用高架、地下或隔离带的形式，以减少与其他道路交叉的干扰，确保汽车行驶的安全、顺畅与舒适。快速路往往不设置红绿灯，通过立交桥或隧道实现交通流的连续性。

主干路：作为城市道路骨架的主干路，负责连接城市的各个主要区域，如商业中心、居住区和工业区等，是城市交通网络的动脉。为了维持较高的行车速度，主干路会根据预期的交通量设定适当的车道宽度，确保车辆能够顺畅通行，同时兼顾行人安全。

次干路：次干路在区域内扮演着重要角色，它们不仅承担着交通输送的任务，还具备一定的服务功能，如接近居民区、商业设施等。次干路与主干路协同工作，形成城市干路网络，起到汇集和分散交通流的作用，通常允许混合交通，但在条件允许的情况下，也会设置专用车道以区分机动车和非机动车。

支路：支路主要服务于特定的居住区或街区，是连接次干路与居民区的纽带，承担着地方性的交通需求。支路两旁可能设有人行道，有时也会有商业设施，它们在城市交通体系中起着收集和疏散交通的作用，同时也是社区生活的一部分。

综上所述，城市道路的分级体系旨在优化交通流动，提升出行效率，同时考虑到不同区域的特殊需求，确保城市交通网络的全面性和功能性。

二、道路的基本组成

（一）线形组成

线形设计是道路工程规划与建设中的关键环节，它涉及道路中心线在三维空间中的几何形态，这一中心线被定义为路线，它综合反映了道路的空间走向和结构特征。为了全面理解并精准设计这一复杂曲线，道路线形被分解为三个基本维度进行分析：平面、纵断面和横断面。

1. 平面图

这是道路中心线在水平面上的投影，显示了道路在二维平面上的走向和曲直变化。平面设计关注于直线段、圆曲线及缓和曲线的衔接，确保驾驶者的视线清晰，转向平稳，同时考虑地形、环境及用地限制。

2. 纵断面图

通过沿着道路中心线做垂直剖面并投影到立面上，我们得到纵断面图。这描绘了道路的起伏状况，包括坡度、坡长和竖曲线，以确保道路的纵向排水性能、行车安全性及驾驶舒适度。

3. 横断面图

在道路中心线上任意一点进行法向剖切所形成的截面即为横断面，展示了道路在该点的宽度分布，包括车道、分隔带、人行道和绿化带等组成部分。横断面设计需考虑道路等级、交通量、安全标准及景观要求。

整个线形设计流程从宏观的路线规划入手，逐步细化至平面线形、纵断面和横断面的具体设计，最终目的是创造出一个既符合技术规范又兼顾美学与环境协调的立体线形方案。这一过程需要综合考虑视觉连续性、驾驶体验、环境保护和经济成本等因素，确保道路不仅连通各地，还能促进社会经济发展，同时减少对自然生态的影响。

（二）结构组成

1. 路基

路基作为公路基础设施的核心组成部分，是支撑路面结构的基石，由土壤和石头堆筑成带状的土工构筑物。其功能在于与路面协同工作，共同承担车辆通行时产生的荷载。路基的设计与构建需确保具备充分的力学强度和稳定性，旨在保障行车区域的稳固，同时抵御自然因素如水蚀、风化等可能造成的损害。

在路基横断面的分类上，有三种基本类型，分别是路堤、路堑和半填半挖型，如图 5-1：

路堤：当道路需要高于地面时，通过填土构建起的路基被称为路堤，常用于跨越低洼地带或湿地。

路堑：相反，如果道路要穿越山岭或高地，我们就需要开凿出一条通道，这种情况下形成的路基则称为路堑。

半填半挖：在地势起伏不平的区域，为了保持道路的连续性和直线性，我们可能需要同时进行填方和挖方作业，形成半填半挖的路基。

路基的关键特性，包括宽度、高度和边坡坡度，这些因素共同决定了路基的结构和性能。在多数情况下，路基设计可以依据当地的地形和地质条件，直接参考典型断面图或遵循特定的设计规范，而无需对每个项目进行单独的论证和计算，除非遇到特殊或复杂的地理环境。

通过合理规划路基的构造，我们不仅可以确保公路的安全运行，还能有效降低建设和维护成本，同时减少对周围生态环境的影响，实现经济效益与环境保护的双赢。

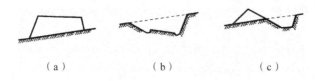

（a）　　　　　　（b）　　　　　　（c）

图 5 - 1　各类路基断面形式
（a）路堤；（b）路堑；（c）半填半挖

2. 路面

路面是道路工程中的关键组成部分，它由一种或多种筑路材料铺设在路基顶部，直接承受车辆的动态荷载。路面设计需满足多项标准，包括足够的强度以承载重压，良好的稳定性确保长期使用下的性能，适宜的平整度以便顺畅通行，足够的抗滑性以保障安全，以及控制扬尘来减少对车辆及周边环境的污染。

路面按照其力学行为特征，大致被分为两大类：刚性路面与柔性路面。刚性路面，如水泥混凝土路面，以其卓越的抗弯强度著称，能够有效分散车辆荷载，减少路面的弯曲变形。相比之下，柔性路面，例如沥青路面和碎石路面，其抗弯性能较弱，但能凭借较好的抗压和抗剪强度应对行车压力。在反复的车辆荷载作用下，柔性路面会逐渐产生残余变形，但通过合理设计，这一特性也能被有效管理。

路面结构的层次设计取决于具体的设计需求和当地可利用的材料。对于中、低等级的路面，结构通常包含面层、基层和垫层。面层直接接触车辆轮胎，需具备耐磨和抗滑的特性；基层用于传递面层荷载至路基，同时调整路面平整度；垫层则设于基层之下，起到隔绝水分和改善土基承载力的作用。而对于高等级路面，结构更为复杂，除了上述层次外，还增设了联结层、底基层，进一步增强了路面的整体稳定性和耐久性，同时优化了路面的排水和保温性能。

总之，路面的精心设计与施工是确保道路安全、舒适和经济性的基础，同时也是减轻对环境影响的重要环节。

3. 桥涵

桥涵是指道路在跨越水域、沟谷和其他障碍物时修建的构造物。单孔跨径小于 5 m 或多孔跨径之和小于 8 m 的称为"涵洞"，大于这一规定值的称为桥梁。

4. 隧道

隧道通常是指建造在山岭、江河、海峡和城市地面下，供车辆通过的工程构造物。隧道在道路中能缩短里程，避免道路翻山越岭，保证道路行车的平顺性。

5. 沿线设施

除上述各种基本结构以外，为保证行车安全、舒适和增加路容美观，我们还需要设置各种沿线设施，包括交通管理设施、交通安全设施、服务设施和环境美化设施等。

三、道路的设计

道路设计是土木工程的一个重要分支，其核心在于创建既高效又安全的交通运输网络。这一设计过程复杂且精细，主要涵盖三大要素：平面线形设计、纵断面设计和横断面设计，它们共同决定了道路的形态和性能。

平面线形设计关注于道路在水平面上的布局，设计者需要依据详细的调研资料，如地形图、地质报告和水文数据，规划出既能满足车辆行驶需求又能够控制建设成本的路线。这一阶段，设计师会优先确定道路的平面走向，随后沿着这条线路进行高程测量和横断面测量，收集更多关于地形特征的信息，为后续的纵断面和横断面设计打下基础。

纵断面设计则侧重于道路在垂直方向上的构造，它涉及根据车辆动力学、道路等级、周围环境及工程经济学原理，调整道路的纵向坡度和曲线，确保行车的安全性、效率性和乘客的舒适感。设计中包含直线段和竖曲线，直线段代表了均匀的上坡或下坡，而竖曲线用于连接不同坡度的直线段，提供平滑的过渡，减少车辆在坡度变化时的冲击，并保证驾驶员有足够的视线距离。

横断面设计聚焦于道路在垂直于中心线方向上的截面形状。它需考虑到路面宽度、路肩、边沟、绿化带及中央分隔带等元素的配置，同时结合当地的自然条件如土壤类型、降雨模式和温度变化，选择最适宜的路基结构，确保道路的稳定性、耐久性和易于维护。

整个设计过程中，设计师需要反复评估和平衡各种因素，如行车安全、工程成本、环境影响和未来维护需求，以制定出最佳的道路设计方案。这不仅是一门科学，也是一门艺术，要求设计者具备深厚的工程知识和创新思维。

第二节　铁路工程

一、铁路的分类与等级

铁路作为重要的交通运输方式，我们可以根据多个维度进行分类，每种分类反映了铁路的不同特性和功能。以下是几种常见的铁路分类方法：

1. 按线路正线数目分类

单线铁路：只有一个主轨道，通常用于交通密度较低的区域。

双线铁路：具有两条平行主轨道，可以实现双向独立运行，提高通行能力。

部分双线铁路：某些繁忙路段采用双线，其余路段为单线。

多线铁路：拥有三条或更多的主轨道，常见于大型交通枢纽或极其繁忙的线路。

2. 按牵引动力分类

电力牵引：使用电力作为动力源，通过接触网或第三轨供电。

内燃牵引：使用柴油机或其他内燃机作为动力源。

蒸汽牵引：早期铁路的主要动力，现已基本淘汰。

3. 按线路允许的最高行车速度分类

普通线路：最高行车速度在 120 公里/小时以下。

快速线路：最高行车速度在 120～200 公里/小时。

高速线路：最高行车速度在 200～350 公里/小时。

超高速线路：理论上的分类，目前尚无实际运营的超高速线路达到 500 公里/小时。

4. 按铁路等级分类

在传统铁路时代，铁路等级基于路网地位型，根据线路在整体网络中的作用来划分，如国家铁路、地方铁路等，并进一步细分为Ⅰ级、Ⅱ级等。

在高铁时代，分类更加多元化，包括时速型（高铁、快铁、普铁）、客货取向型（客运专线、客货共线、货运专线）等。

在中国，高铁时代引入了新的宏观层次等级体系，如高铁级、国铁Ⅰ级（包括双线快铁等）、国铁Ⅱ级、国铁Ⅲ级、国铁Ⅳ级及地铁Ⅰ级、地铁Ⅱ级，这些等级的划分有助于标准化铁路设计、建设和运营的技术标准和装备类型。

以上分类不仅体现了铁路技术的发展，也反映了不同地区和时期对铁路运输需求的理解与响应。

二、铁路的组成

铁路轨道系统的关键组件包括道床、轨枕、钢轨、连接零件、防爬设备和道岔，它们共同构成了一个稳定且高效的运输平台。

1. 道床

道床是位于轨枕下方，路基表面上的一层石碴垫层，其主要职责是均匀分布轨枕传递的压力至路基，同时提供排水和减震功能，保持轨道的稳定性。

2. 轨枕

轨枕支撑着钢轨，确保其位置稳定，并将来自钢轨的压力传递给道床。轨枕需要具备足够的强度、弹性和耐用性，常见的材料有木材和钢筋混凝土，其中木枕经过防腐处理后，寿命可延长至约 15 年。

3. 钢轨

作为轨道的主要构成，钢轨引导车辆行驶，承受并传递车轮的压力至轨枕。钢轨表面需光滑连续，以减小摩擦，同时在电气化铁路中还承担着轨道电路的功能。

4. 连接零件

连接零件分为接头连接和中间连接。接头连接通过夹板、螺栓等固定相邻钢轨，而中间连接则使用扣件将钢轨固定在轨枕上，现代轨道采用长焊钢轨技术减少接头，降低维护成本。

5. 防爬设备

防爬设备安装在钢轨底部，与轨枕配合使用，防止钢轨因车辆运动或温度变化引起的纵向移动，保持轨道几何状态。

6. 道岔

道岔是轨道交会处的关键设施，通过转辙器、岔心、护轨和岔枕组成的机制，使列车能够从一条轨道转向另一条轨道，其操作通常依赖杠杆原理。

这些组件协同工作，保证了列车安全、平稳和高效地运行。

三、铁道工程设计

铁道工程设计中的线路平面设计和纵断面设计是两个核心组成部分，它们分别关注铁路线路在水平面和垂直面上的布局，对于铁路的安全、经济和效率有着决定性的影响。

1. 线路平面设计

直线和曲线：线路平面设计考虑的是铁路线路在水平面上的走向，理想情况下，铁路线尽可能地取直，以减少工程成本和提高运行效率。然而，实际设计中我们会遇到地形障碍、环境保护、城市规划等因素，需要采用曲线来绕避或适应这些条件。

单曲线与复曲线：单曲线是指半径保持不变的曲线，是最常见的形式；复曲线则是由多个不同半径的曲线组合而成，用于适应更为复杂多变的地形条件。

曲线半径：曲线半径的选择直接影响工程成本和运营性能，如半径过小会导致列车行驶不稳、磨损加剧，但半径过大可能增加建设成本。因此，设计时我们需根据地形和预期的行车速度综合考虑最小半径。

2. 线路纵断面设计

坡度线设计：纵断面设计关注的是铁路线路在垂直面上的起伏，包括上坡、下坡和平地。设计者需要根据地形和地质条件确定合适的坡度，避免过于陡峭的坡度对列车牵引力和制动能力造成挑战。

配合平面设计：纵断面设计必须与平面设计紧密结合，因为地形的变化会影响曲线的设置，反之亦然。设计时我们需要反复迭代，以达到最佳的工程和运营效果。

工程和运营指标：合理的纵断面设计可以减少隧道和桥梁的建设，降低工程成本，同时确保列车能以较高的速度和较低的能量消耗运行，提高运营效率。

综上所述，线路平面设计和纵断面设计是相互关联、相辅相成的过程，这需要设计人员综合考虑多种因素，以实现铁路系统的经济、安全和高效。

四、高速铁路

自20世纪70年代以来，随着全球面临能源危机、环境质量下降及道路交通事故频发等严峻挑战，高速铁路的兴起重新点燃了世人对铁路运输的兴趣和重视。高速铁路凭借其显著的特性——高载客能力、快速运行、低能耗、卓越的安全记录及对环境影响较小——完美契合了现代经济社会对于高效、环保交通方式的需求，从而引领铁路行业迈向了一个全新的发展阶段。

各国对高速铁路的具体界定标准各不相同，随时间而演变。在中国，根据国家铁路局的标准，高速铁路被定义为：新建的、旨在运营时速 250 公里及以上（包括预留提速条件）的动车组列车的客运专用线路，且在初期投入运营时的速度不应低于 200 公里/小时。这一标准反映了中国对高速铁路建设和运营的严格要求，旨在确保旅客体验与安全并重，同时促进区域间经济的快速发展和紧密联系。

高速铁路的出现不仅提升了长途旅行的效率和舒适度，还对缓解城市交通拥堵、减少温室气体排放及推动区域经济一体化等方面产生了深远影响，成为 21 世纪交通运输体系中不可或缺的一部分。

五、城市轨道交通

城市轨道交通，作为现代都市公共交通体系的支柱，是以轨道为载体，通过全封闭或部分封闭的专用线路，实现高效、大规模乘客运输的系统。它涵盖了多种运营模式，包括地铁系统、城市轻轨、单轨系统、有轨电车、磁浮系统、自动导向轨道系统及市域快速轨道系统，这些系统随着技术进步不断演进，满足城市扩张和人口增长带来的交通需求。

地铁，最初特指运行于地下的铁路网络，但随着发展，其线路也可延伸至地面或高架。它以电力驱动，具备快速大运量的特征，是城市交通中的骨干力量，尤其适用于大都市的繁忙通勤需求。

城市轻轨，作为轻量化版本的轨道交通，其列车设计更为紧凑，适合中低密度区域的运输。轻轨以其灵活性、低能耗和环保性著称，成为连接城市周边区域的重要纽带。

有轨电车，作为一种历史悠久的公共交通形式，运行于城市街道之上，以其电动化、低污染和经济性受到青睐。它不仅能有效融入城市景观，还能提升道路通行效率，是中型城市理想的交通解决方案。

空中轨道列车，即空轨，采用悬挂式设计，轨道架设于空中，减少了对地面空间的占用，能够灵活穿越城市复杂地形，提供便捷的立体交通选择。

磁悬浮列车，代表了轨道交通领域的尖端科技，通过电磁力实现列车的悬浮、导向和推进，极大地降低了摩擦阻力，实现了高速、平稳运行，为长距离快速交通提供了全新可能。

城市轨道交通系统，以其节能、环保、高效的特点，符合可持续发展的理念，是构建绿色交通网络、促进城市可持续发展的重要组成部分。无论是深埋地下的地铁，还是穿梭于城市上空的空轨，或是依靠磁力疾驰的磁悬浮列车，都体现了人类对理想城市交通的不懈追求与创新实践。

第三节 桥梁工程

一、桥梁的分类

桥梁作为跨越障碍物的构造物，承载着连接两岸、促进交流的重要作用。它们的多样性不仅体现在外观和位置上，还反映在工程设计、功能定位及建筑材料等多个维度。以下是桥梁按不同标准分类的概述：

首先，依据受力特点，桥梁可分为梁式桥、拱式桥、刚架桥、悬索桥和斜拉桥。梁式桥是最常见的形式，通过梁体支撑荷载；拱式桥则利用拱形结构的压缩性能，将负载转化为水平推力；刚架桥结合梁和拱的特性，提供稳定的结构支撑；悬索桥通过巨大的主缆和吊杆分散重量，适用于大跨度的建设；斜拉桥则利用斜向拉索将桥面拉紧，实现结构的稳定。

其次，根据用途的不同，桥梁被区分为公路桥、铁路桥、公路铁路两用桥、农桥、人行桥和军用桥等。公路桥专供汽车通行，注重交通流畅性和安全性；铁路桥则需考虑列车的重量和振动；公路铁路两用桥兼顾两种交通方式，设计上更为复杂；农桥服务于农业运输，往往位于乡村地区；人行桥主要用于行人，强调美观与舒适；军用桥则是战时快速搭建的临时通道，要求快速部署和高强度。

再次，按照跨径的大小，桥梁可细分为小桥、中桥、大桥和特大桥。这一分类反映了桥梁的规模和工程难度，跨径越大，技术要求越高，施工挑战也越艰巨。

最后，根据材料类型，桥梁分为木桥、钢桥、圬工桥（包括砖、石、混凝土桥）、钢筋混凝土桥、预应力混凝土桥等。木桥多见于历史建筑或小型结构；钢桥因其强度和耐用性适用于大型项目；圬工桥是早期桥梁建设的主要材料，如砖、石、混凝土桥，坚固且耐久；钢筋混凝土桥和预应力混凝土桥则凭借优秀的抗压和抗拉性能，广泛应用于现代桥梁工程。

综上所述，桥梁的分类繁多，每一种类型都有其独特的设计考量和适用场景，共同构成了世界桥梁工程的丰富图谱。

二、桥梁的组成

（一）桥墩

桥墩是桥梁的主要支承物，建于河底淤泥以下的坚实地基处，桥梁的上部建筑就设置在桥墩之上；桥墩一般由石、钢、木材或混凝土构成。

桥墩可分重力式桥墩和轻型桥墩两个大类，这两类又可以具体细分（图5-2）。

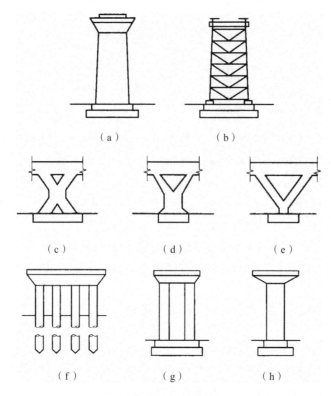

图 5 - 2　桥墩示例

（a）重力式；（b）构架式；（c）X 形；（d）Y 形；（e）V 形；（f）桩式；（g）双柱式；（h）单柱式

　　桥梁的桥墩设计依据其功能和环境条件有着不同的类型，其中重力式桥墩和轻型桥墩是两种主要的设计理念，分别代表了传统与现代工程思维的对比。

　　重力式桥墩，通常采用混凝土或石材构建，依靠其庞大的体积和重量来抵抗垂直及水平外力的作用，如风力、水流冲击及结构自重。这种类型的桥墩充分利用了砖、石、混凝土材料良好的抗压性能，展现出坚固耐用的特点，同时也便于就地取材，简化施工过程，减少了对钢材的需求。然而，重力式桥墩的缺点在于需要大量的圬工材料，导致桥墩外形庞大且沉重，可能限制桥下净空，增加地基的负担，尤其在高墩或软土地基情况下，这些缺陷会更加突出。

　　相比之下，轻型桥墩旨在克服重力式桥墩的局限，追求更轻盈的结构，以减少圬工量，降低对地基的压力，优化基础工程，同时便于采用预制构件或滑模施工技术，从而加快施工速度，提高效率。轻型桥墩的实现策略包括选用更高强度的材料，创新桥墩的结构形态和改善其受力状态。具体而言，轻型桥墩可以是空心的，内部留有空间以减轻整体重量；也可以是构架式的，通过精细计算的框架结构分散外力；薄壁桥墩则依靠薄壳结构的高效承载能力；桩柱式桥墩则利用深埋的桩基来稳固桥墩，减少对地表的影响。

　　总体而言，重力式桥墩和轻型桥墩各有优劣，选择何种类型取决于桥梁的具体需求、地基条件、施工技术和经济成本等因素。

（二）桥台

桥台是位于桥梁两端，支承桥梁上部结构并和路堤相衔接的建筑物。其功能除传递桥梁上部结构的荷载到基础外，还具有抵挡台后的填土压力、稳定桥头路基、使桥头线路和桥上线路可靠而平稳地连接的作用。

当前，我国公路桥梁的桥台有实体式桥台和埋置式桥台等形式（图5-3）。

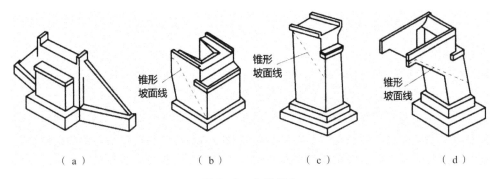

图5-3 各类桥台
（a）T形；（b）U形；（c）埋式；（d）耳墙式

U形桥台作为一种常见的实体桥台设计，因其独特的结构形式而在桥梁工程中占据一席之地。这种桥台的命名源于其平面布局呈现出的U形，由支撑桥跨结构的主体台身和两侧延伸出的翼墙组成。U形桥台多采用圬工材料进行砌筑，例如混凝土或石材，这使得它们的建造过程相对直接，结构清晰，易于施工。

U形桥台的设计特别适用于填土高度不超过8~10米的场景，且能够适应稍大跨度的桥梁建设。由于其构造简单，不需要复杂的工程技术，因此在许多场合下它都是一种经济实惠的选择。然而，U形桥台并非没有缺点——较大的体积和自重意味着它们对地基施加了相当的压力，因此要求地基具备足够的承载力。在地质条件不佳或地基承载力有限的情况下，U形桥台的使用可能会受到限制，需要额外的工程措施来加固地基，以确保桥梁的整体稳定性和安全性。

（三）桥梁基础

桥梁的基础部分作为整个桥梁结构的根基，起着至关重要的作用。它直接与地下的岩石或土壤接触，形成稳固的支撑点，与之相连的桥墩和桥台共同构成了桥梁的下部结构。这一系列的下部构件不仅需要承担来自桥梁上部结构的所有荷载，包括车辆、行人及结构自身的重量，还需要将这些荷载安全有效地传递到地基之中。

桥梁基础的设计与施工需确保能够应对各种荷载，同时防止桥梁发生过度的水平位移或不均匀沉降，这是保证桥梁安全与正常使用的前提。为了达到这一目标，桥梁的地基和基础必须具备足够的强度，以抵抗荷载引起的应力；同时，它们还应具有良好的刚度，避免结构变形过大；此外，整体的稳定性也是不可或缺的，确保在各种自然环境条件下，如地震、洪水等，桥梁仍能保持稳固。

因此，桥梁基础的设计是一个复杂而细致的过程，工程师需要综合考量地质条件、荷载类型、材料特性及环境因素，精心计算与规划，以构建出既安全又经济的桥梁下部结构，为上部结构提供坚实可靠的支持。

三、桥梁工程的总体规划和设计要点

（一）野外勘测与调查研究

建设一座跨越河流的桥梁是一项系统性工程，其前期工作涵盖了多个关键步骤，旨在确保最终结构的适宜性和安全性。首先，我们需要明确桥梁的建设目的与功能需求，这一步骤被称为任务调研，它指导了后续所有决策的方向。

其次，桥位的选择至关重要，理想的桥位应考虑到交通流量、环境影响及成本效益等因素。选定桥位后，紧接着是对周边地形的详细测绘，我们通过高精度的地形图，为桥梁的设计与施工提供直观的地理信息参考。

地质勘探紧随其后，通过钻探等手段，收集桥位处的地下土层和岩石性质数据，制作地质剖面图，这些资料是桥梁基础设计的基础。同时，河流的水文调查也不可忽视，包括水流速度、水位变化规律等，这对于决定桥梁的标高、跨度及基础深度至关重要。

针对大型桥梁项目，我们还需进一步研究当地的气象条件，特别是风向、风速及地震活动频率，这些自然因素直接影响桥梁的结构设计与抗震标准。除此之外，全面考察与桥梁建设相关的其他因素，比如生态环境、历史文化及社区需求，也是不可忽略的环节。

基于上述详尽的调查与勘测，设计师会提出若干个桥梁设计方案，通过技术、经济和环境影响等方面的综合评估，最终选定最优方案，为桥梁的建造奠定坚实的基础。

（二）纵断面设计

纵断面设计是桥梁工程中的核心环节，它关乎桥梁的结构安全、使用功能及经济效益。具体而言，纵断面设计涵盖总跨径设定、桥梁分孔布局、桥面标高确定、桥下净空预留及桥面纵坡规划等关键要素。

首先，总跨径的确定需基于严谨的水文计算，确保桥梁能够有效应对洪水冲击，避免因桥墩及桥头路堤对河床的局部压缩而引起的过度冲刷。这一设计考量旨在保障河流的自然排洪能力，维护河床稳定。

其次，桥梁的分孔布置是结合通航需求、地形地貌、地质条件、水文特征及美观与经济性综合考量的结果。对于大型桥梁，我们需细致规划每一孔的跨径尺寸、河中桥墩的数量与位置，以及区分哪些桥孔需满足通航要求，以实现结构与功能的完美融合。

再次，桥面标高的设定通常需兼顾路线纵断面设计要求与实际需求，如确保桥下有足够的净空高度，以便满足船只通航及行洪安全。这一标高需基于设计洪水位及通航规范确定，确保桥梁在极端水文条件下仍能保持通行无阻。

最后，桥面纵坡的设计需考虑两岸地形限制及行车安全。虽然某些情况下允许建设坡桥，但为确保车辆平稳行驶，大、中型桥梁的桥面纵坡不宜超过4%，特别是在市镇交通繁忙地段，该数值更应控制在3%以内，以减少交通事故风险，提升道路使用效率。

（三）横断面设计

横断面设计在桥梁工程中扮演着至关重要的角色，其主要任务在于精确规划桥面净空及桥跨结构的横向布局。桥面宽度的确定直接关联到道路的通行能力和安全性，我们需依据预计的车流量、行人数量及可能的自行车道需求进行细致考量。

对于承载高速交通的桥梁而言，设计时我们应优先考虑车辆的高效通行，故而往往不设置人行道，而是配备专业的检修通道，确保桥梁维护作业的安全与便利。相比之下，在与路基宽度一致的小型桥梁或涵洞中，鉴于空间有限且交通压力较小，我们仅需设置简单的缘石或栏杆即可满足基本的安全防护需求。

在特定环境下，例如跨越水域的漫水桥，尽管无须专门开辟人行道，但仍需重视行人的安全，通过增设护栏来提供必要的保护措施，防止意外发生。这样的设计既优化了空间利用，又兼顾了功能性与安全性，体现了桥梁设计中的人本理念和技术智慧。

（四）平面布置

平面布置是桥梁设计中的关键环节，它涉及了路、桥与自然水流之间的和谐共存。在规划之初，设计师需细致考虑如何让桥梁巧妙融入既有路线，同时确保水流的自然流动不受影响。桥梁的线型设计及其与道路的连接部分，即桥头引道，需精心安排以保证车辆行驶的平顺性和安全性，避免因突变的曲线或坡度带来行车隐患。

针对小型桥梁和涵洞，其线型设计与公路的衔接更为灵活，我们可根据路线的实际需求进行调整，旨在最小化对周边环境的影响，同时保障交通的顺畅。而对于规模较大的桥梁，我们一般倾向于采用直线型设计，以简化施工并提升通行效率。然而，当两岸地形条件成为限制因素时，曲线桥的设计便显得尤为必要。此时，曲线的各项技术指标需严格遵循路线设计规范，确保不仅美观协调，而且安全可靠，能够有效应对各种复杂地形带来的挑战。

四、桥梁的结构体系

（一）梁式桥

1. 简支梁桥

简支梁桥是一种典型的梁式桥梁结构，其基本特征是一根梁体两端分别被置于活动支座和铰支座之上，以此来承担荷载并传递给桥墩或桥台。作为梁桥家族中最古老且普及性极高的成员，简支梁桥凭借其结构的直观性与工程实施的便利性，在桥梁建设史上占据着重要地位。

这类桥梁的设计理念强调了结构的简洁与功能性，梁体通常由混凝土或钢材制成，具有良好的承重能力和耐久性。由于简支梁桥属于静定结构，这意味着其内部应力分布明确，不会因为地基沉降、温差变化等因素而产生额外的内力，这不仅简化了设计过程，也降低了维护成本。

简支梁桥的施工相对便捷，可通过预制构件现场拼装的方式快速搭建，特别适用于跨越较小跨度的河流、山谷或道路等场合。此外，这种桥梁对地基条件的适应性强，即使在地质情况较为复杂的地区也能稳定发挥其承载作用，因此其在世界各地的公路、铁路建设中得到了广泛应用（图5-4）。

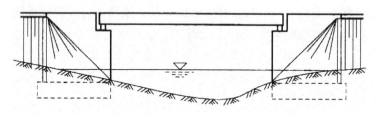

图5-4　简支梁桥

2. 连续梁桥

连续梁桥是一种高级的桥梁结构形式，其特点在于它由两个或更多个连续的梁段组成，这些梁段在中间墩处彼此相连，形成一个无间断的整体。与简支梁桥不同，连续梁桥属于超静定体系，这意味着它的结构复杂度更高，但也因此获得了更优异的性能和美观度。

在恒定载荷和活载作用下，连续梁桥能够展现出更为均衡的内力分布，这导致桥体各部分受力更加合理，梁的高度可以设计得更小，从而有效增加了桥下的通行净空，同时也减少了建筑材料的消耗。这种结构的刚性和整体性非常出色，赋予了连续梁桥更高的安全系数和更强的抗超载能力。

连续梁桥的另一个显著优点是桥面伸缩缝的数量大大减少，这不仅提升了行车舒适度，还降低了维护成本。由于跨中截面承受的弯矩相对较低，设计师可以考虑采用更大的跨径，这在需要跨越宽阔水域或深谷时尤为有利。综上所述，连续梁桥因其结构上的优越性，在现代桥梁工程中占据了重要的位置，特别是在高速公路和高速铁路的建设中，成为连接长距离、克服复杂地形障碍的理想选择（图5-5）。

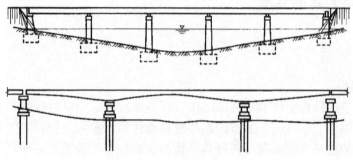

图5-5　连续梁桥

3. 悬臂梁桥

悬臂梁桥指的是以一端或两端向外自由悬出的简支梁作为上部结构主要承重构件的梁桥，如图5-6所示。

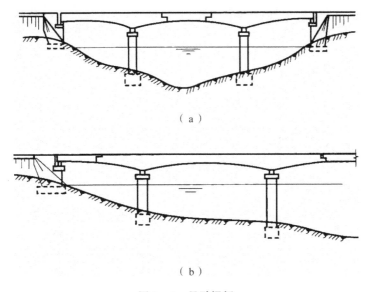

（a）

（b）

图5-6　悬臂梁桥
（a）单悬臂梁桥；（b）双悬臂梁桥

（二）拱式桥

拱式桥是一种经典的桥梁类型，其特色在于利用拱作为主要的承重构件。当桥面受到竖向的动态载荷时，拱式桥的独特结构会导致桥墩及桥台承受一定的水平推力。这种水平推力能有效地抵消因载荷引起的拱圈或拱肋内部弯矩，从而使拱圈或拱肋主要承受轴向压力。鉴于这一特性，拱式桥常选用抗压强度高的材料进行建造，比如砖、石及混凝土等，这些材料在承受压缩力方面表现优异。

从结构组成和支撑方式的角度来看，拱桥可以分为三类：三铰拱、两铰拱及无铰拱。其中，三铰拱是一种静定结构，而两铰拱和无铰拱则属于超静定结构。在实际的桥梁工程中，由于超静定结构在承载能力和稳定性方面有更佳的表现，因此两铰拱和无铰拱被更为广泛地采用，尤其是在那些对结构强度和耐用性要求较高的场合。这类拱桥不仅能够提供可靠的通行功能，还能展现出优雅的建筑美学，是人类智慧与自然景观和谐共存的典范。

（三）刚架桥

刚架桥作为一种独特的桥梁设计，融合了梁式桥和拱桥的特点，形成了一种介于两者之间的结构体系。它由受弯的上部梁或板结构与承压的下部柱或墩紧密结合而成，这种结合使得梁体通过与柱体的刚性连接，能够有效利用柱体的抗弯刚度来减轻自身的负荷。因此，刚架桥整体上呈现出一种压弯结构，同时由于结构中的推力作用，使其区别于纯粹的梁桥。

刚架桥根据其形态和功能的不同，可以细分为几种类型：首先是 T 形刚架桥，这种类型的桥通常用于跨度较小的场合；其次是连续刚架桥，它适用于较长的跨距，能够在多个支撑点之间形成连续的结构，从而提高桥梁的整体稳定性和承载能力；最后是斜腿刚架桥，这种桥型的下部结构具有倾斜的支柱，能够提供更好的力学性能，并且在视觉效果上也更加独特。总之，刚架桥以其独特的结构优势，在现代桥梁工程中占据着重要的地位（图 5 – 7）。

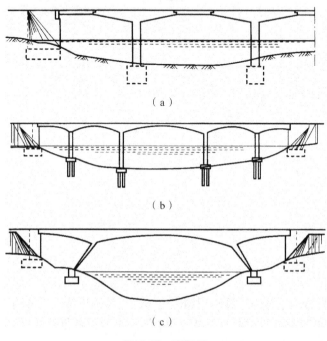

（a）

（b）

（c）

图 5 – 7   刚架桥
（a）T 形刚架桥；（b）连续刚架桥；（c）斜腿刚架桥

（四）悬索桥

悬索桥是一种以承受拉力为主要特征的桥梁结构，它的设计核心在于利用高强材料制成的缆索或链索作为关键的承重元件。这些缆索通过高耸的索塔被支撑，并在两岸或桥梁两端通过牢固的锚碇固定，形成了整个桥梁的骨架。在缆索之下，分布着众多吊杆，它们负责将桥面系统稳稳地悬挂起来，确保行人和车辆的安全通行。

悬索桥的构造包含几个重要组成部分：悬索本身、支撑缆索的索塔、用于固定缆索的锚碇、连接缆索与桥面的吊杆及构成行车道的桥面系统。其中，悬索通常采用抗拉强度极高的钢材制造，如钢丝或钢缆，这是因为悬索桥的设计理念在于最大化材料的抗拉性能，同时实现轻量化和节省材料的目标。这使得悬索桥在所有桥梁体系中展现出无与伦比的跨越能力，其主跨径可以轻松超过 1000 米，成为跨越广阔水域或深谷的理想选择。

（五）斜拉桥

斜拉桥又称斜张桥，是将主梁用许多拉索直接拉在桥塔上的一种桥梁，是由承压的塔、受拉的索和承弯的梁体组合起来的一种结构体系。

斜拉桥可使梁体内弯矩减小，降低建筑高度，减轻结构重量，节省材料。作为一种拉索体系，斜拉桥比梁式桥的跨越能力更大，是大跨度桥梁的最主要桥型。

第四节　隧道工程

一、隧道工程的分类

隧道工程依据多种分类标准可被细分为不同类别，每种分类都反映了隧道的独特属性和建设环境。从地质条件的角度，隧道可被区分为土质隧道与石质隧道，前者常建于松软土壤中，后者则多建于坚硬岩石内。

根据长度，隧道被划分为短、中长、长及特长隧道，具体界限随铁路和公路标准而异。例如，短隧道在铁路和公路领域均指长度不超过 500 米的隧道，而特长隧道则是指铁路隧道长度超过 10 000 米，公路隧道长度超过 3000 米的工程。

按隧道横断面积的大小，国际隧道协会（ITA）提供了细致的分类标准，涵盖极小断面至特大断面隧道，面积范围从 2 平方米到超过 100 平方米不等，这一分类对隧道的设计和施工有着重要的指导意义。

地理位置也是划分隧道类型的一个维度，山岭隧道穿行于山脉之中，水底隧道横跨江河湖海底部，城市隧道则服务于都市区域的交通需求。

此外，隧道按埋置深度可分为浅埋与深埋两类，而功能用途则包括了交通、水工、市政和矿山隧道，其中交通隧道尤为重要，它们作为公路或铁路网络的一部分，克服地形障碍，保障运输线的畅通无阻。

在现代城市建设和交通网络规划中，交通隧道扮演着至关重要的角色，它们不仅缩短了旅行距离，还提高了运输效率，是现代基础设施的关键组成部分。

二、隧道的结构构造

隧道工程的构成不仅限于其主洞身，还包括一系列旨在确保结构安全、维护便利和提升使用体验的元素。以下是对隧道关键组成部分的概述：

衬砌是隧道内部的永久性支撑结构，设计用于抵御围岩压力，防止隧道变形或坍塌。随着工程技术的进步，衬砌结构经历了从单一形式向多样化发展的转变，以适应复杂多变的地质条件。这包括直墙式、曲墙式、喷射混凝土和复合式衬砌等多种类型，每种都有其特定的应用场景和优势。

洞门位于隧道两端，不仅是连接隧道内外的门户，也是保护洞口安全、稳定边坡和引导地表水流的重要结构。洞门设计不仅要考虑功能性，还需与隧道规模、使用特性及周边环境相协调，实现美观与实用并重。

明洞是在隧道顶部覆盖层较薄，不宜采用常规暗挖法时采取的一种施工方法。它通过明挖方式构建隧道结构，适用于处理易发生坍塌、落石、流石或流泥的地段，尤其在中国的山区铁路中得到了广泛应用。明洞的造价通常高于传统隧道，但在特殊条件下，其安全性和经济性使其成为必要选择。

附属设施对于隧道的正常运作至关重要，涵盖了排水、电力供应、通风和通信系统等。例如，铁路隧道设有避车洞，为行人和维修人员提供安全空间，同时便于存放维修设备。这些附加结构确保了隧道的长期维护和使用者的安全。

综上所述，隧道工程的建造与维护涉及衬砌、洞门、明洞和附属设施等多个层面的考量，每一环节的设计与实施都需紧密结合地质条件、使用需求和安全标准，共同构建出既稳固又高效的地下通道。

三、隧道工程的设计

隧道工程的设计是一个综合性的工程规划过程，涉及多个维度的考量，以确保隧道既能满足功能需求，又能适应复杂的自然环境。以下是隧道工程的设计中的几个关键方面：

平面设计阶段，设计者需基于线路的标准、地形地貌和地质条件来确定隧道的位置和长度。这一阶段我们通常会制定多种方案进行对比分析，以选出最优解。对于长隧道，我们还需要规划辅助坑道和通风系统的布局，确保施工和运营期间的安全与效率。洞口选址则需仔细评估地质稳定性，以预防塌方等风险。

纵断面设计关注隧道沿中线方向的坡度设计，需遵循线路设计的坡度限制。考虑到隧道内部高湿度环境导致的轮轨摩擦系数下降和空气阻力增加，设计中我们会对纵向坡度进行折减，特别是在较长的隧道中。常见的纵坡形状包括单坡和人字坡，前者有助于调整高程，后者便于施工期的排水和渣土运输。为了有效排水，纵坡的最小角度通常设定在 2%～3%。

横断面设计聚焦于隧道内部空间的规划，尤其是隧道净空的定义。隧道净空指的是衬砌内侧边界所限定的空间，我们必须充分考虑行车限界、通风要求及其他必要的断面面积。对于公路隧道而言，建筑限界应涵盖车道、路肩、路缘带、人行道的宽度及净高。此外，我们还需预留足够的空间给通风管道、照明、防灾、监控和运营管理设备，并计入施工误差的容许范围。

辅助坑道设计则涉及斜井、竖井、平行导坑和横洞等结构的规划。斜井通常在山脉中选取有利地形开凿，其倾角一般在 18°～27°，断面呈长方形；竖井则是从山顶垂直挖掘，多为圆形断面，直接通达主洞；平行导坑与主隧道保持一定距离（17～25米），通过斜向通道相连，未来可作为第二线隧道的预备通道；而横洞则在傍山隧道靠近河谷一侧的适宜位置开凿，服务于施工和紧急疏散的需求。

综上所述，隧道设计是一个细致且全面的过程，我们需要在确保结构安全、施工可行性和运营效率的基础上，兼顾环境保护和经济成本。

第五节　机场工程

一、机场的分类和组成

（一）分类

全球的飞机场根据其功能和服务范围，大致可以划分为三大类，每种类型都有其特定的角色和重要性：

1. 国际机场

这类机场具备处理跨国航班的能力，它们不仅规模宏大，而且在中国往往承担着国家一类口岸和区域航空枢纽的重任。国际机场是国际旅行的主要门户，每年接待超过 2000 万人次的旅客，为他们提供前往世界各地的直飞或中转服务。

2. 干线机场

这些机场主要位于省会城市、自治区的首府及一些重要的旅游或经济发展中心。干线机场在国家的航空网络中扮演着关键角色，它们连接主要城市与国际机场，每年服务的旅客数量在 200 万~2000 万，是国内和短途国际航线的重要节点。

3. 支线机场

也被称为地方机场，这类机场通常建在各省、自治区内交通相对不便的地区，旨在改善当地居民的出行条件并促进区域发展。支线机场规模较小，每年接待的旅客数量在 200 万以下，尽管客流量不大，但它们对于偏远地区与外界的联系至关重要。

这三种类型的机场共同构成了一个国家或地区的航空基础设施网络，满足了不同层次的航空需求，从国际交流到地方出行，覆盖了广泛的旅客群体。

（二）组成

机场作为商业运输的关键节点，被精心划分为三大核心区域：飞行区、地面运输区及航站楼区，其各自承担着不同的功能，确保航空旅行的顺畅与安全。

1. 飞行区

这是飞机操作的核心地带，由空中和地面两大部分组成。空中部分涵盖机场的空域管理，包括飞机的进近和离场路径；而地面部分则包含跑道、滑行道、停机坪和登机桥，以及诸如机库、控制塔、紧急救援设施等辅助服务设施。飞行区的技术标准通过飞行区等级指标 Ⅰ 和 Ⅱ 来界定，前者依据最长使用跑道长度分为 1~4 级，后者基于飞机尺寸分为 A~F 级，以适应不同规格的飞机起降需求。

2. 地面运输区

作为城市交通体系的重要组成部分，机场与市区之间的高效连接至关重要。为此，许多大都市配置了直达机场的高速公路、地铁或轻轨线路，确保旅客和货物的快速流动。同时，广阔的停车场和内部道路系统为私家车、出租车和公共交通提供了便利，确保了机场内外的无缝对接。

3. 航站楼区

这里是旅客旅程的起点和终点，集成了值机、安检、候机和登机等一系列服务。航站楼不仅包括主体建筑，还涉及登机口附近的机坪和旅客通道，构成陆空交通的交会点。在这里，乘客可以享受到全面的服务，从餐饮购物到休息娱乐，确保旅途的舒适与便捷。

这三个区域协同工作，形成了一个综合性的航空运输枢纽，支撑着全球范围内的人员和物资流动。

二、机场的规划与布局

（一）飞机场总体规划

飞机场规划是一项综合性极强的工作，旨在为航空运输基础设施的建设和运营奠定长远的基础。其核心任务是制定一套详尽的土地利用方案，确保飞机场及其周边区域的各项设施能够高效、安全地服务于未来的航空需求。规划过程中，我们需要考量多方面因素，并遵循特定的原则，以实现可持续发展目标。

1. 主要内容

规划涵盖的领域广泛，从预测未来航空业务量的增长，到定义飞机场的短期、中期和长期扩张规模与标准，再到设计关键设施的布局蓝图。规划者还需评估飞机场运营对环境的影响，并提出缓解策略，同时统筹土地使用计划，明确近期建设项目的优先级和预算，以及评估社会经济效益。

2. 主要依据

规划决策依据多元化的数据和分析，包括场地的地质与水文状况、气象要素、地理特征，以及航空市场趋势、飞机类型和技术进步。同时，我们要考虑到飞机场与城市空间布局、交通网络、地方发展规划的融合，以及与相邻飞机场、空域管制、障碍物、通信设施和公共服务的兼容性。生态因素，如野生动植物保护，也是不可忽视的考量点。

3. 规划原则

飞机场规划强调前瞻性和灵活性，主张"统一规划，分期实施"，确保规划既能满足当前需求，又能适应未来发展。在功能分区上，我们追求各设施间的和谐共生与容量均衡，保障飞行安全。布局设计力求精简高效，预留扩展空间，同时注重土地资源的节约和环境保护，避免破坏生态环境，促进飞机场与所在城市及周边环境的和谐共生。

通过细致入微的规划，飞机场不仅能够成为高效运转的交通枢纽，还能成为推动地区经济增长和社会进步的引擎。

（二）飞行区布局

飞机场的跑道和滑行道是其核心组成部分，设计时我们需考虑多种因素以确保航空器的安全与效率。

1. 跑道布置方案

飞机场跑道的布局取决于多个因素，包括但不限于机场的地理位置、预期的航空流量、主导风向及可用土地面积。常见的跑道布置有四种基本类型：

单条跑道：适用于航空流量较小的机场，通常用于处理低密度的航班。

多条跑道：大型国际机场通常采用这种布局，以便同时处理多个方向的起飞和降落，提高机场容量。

开口 V 形跑道：这种配置允许两个跑道同时使用，一个作为主跑道；另一个则在风向改变时作为备选，增强机场的运行灵活性。

交叉跑道：交叉布局可以有效利用不同的风向，减少航班延误，尤其在天气条件变化频繁的地区更为实用。

2. 滑行道设计

滑行道是连接跑道与机场停机坪的关键通道，其设计必须充分考虑航空器的尺寸和操作特性。滑行道的宽度虽小于跑道，但必须足够宽以容纳最宽飞机的轮距，同时保证飞机在滑行时，其主起落架轮子的外侧距离滑行道边缘保持在 1.5 ~ 4.5 米，确保足够的安全裕度。在转弯处，滑行道的宽度会进一步增加，以适应飞机转弯时所需的额外空间，特别是对于重型或大型飞机而言，这一步骤至关重要。

通过精心规划跑道和滑行道的布局与设计，飞机场能够有效地管理航空交通，确保飞行安全，同时优化航班的进出港流程。

（三）航站区规划与设计

航站区作为连接飞行区与地面工作区的关键界面，在飞机场的整体规划中占据着核心位置。它不仅影响着乘客的出行体验，还直接关系到机场的运营效率。航站区的布局设计主要聚焦于客机坪和旅客航站楼的合理安排，以确保顺畅的旅客流线和高效的飞机调度。

1. 客机坪的类型

客机坪的布局根据机位数量和空间利用效率而定，主要有以下几种形式：

前列式机坪：飞机直接停靠在航站楼前，适合机位较少的情况，一般不超过 4 个机位，便于乘客快速登机和离机。然而，随着机位数量的增加，前列式的布局效率降低，且成本上升。

指廊式机坪：通过延伸出的指廊来增加停机位，每条指廊可支持 6 ~ 12 个机位。当总机位超过 30 个时，我们可以采用多条指廊或 Y 型、T 型等复合形状的指廊布局，以分散客流并提高效率。

卫星式机坪：飞机围绕独立的卫星厅停放，卫星厅与主航站楼通过地下通道或天桥相连。这种方式适用于大型机场，能够有效分散人流，避免航站楼过度拥挤。

开阔式机坪：飞机可能停放在航站楼附近或较远的位置，如果靠近航站楼，乘客则可以直接步行登机；若距离较远，机场则需使用摆渡车或称为"活动休息室"的交通工具接送乘客。

2. 旅客航站楼的设计

航站楼是机场的核心建筑，承担着将乘客从地面交通转移到空中交通的重要任务。它为乘客提供了购票、值机、行李托运、安检、候机和登机等一系列服务。航站楼内部布局需合理规划，确保乘客流程顺畅，从进入航站楼直至登机或从下机到离开航站楼的过程便捷高效。同时，航站楼还需配备完善的商业和服务设施，提升乘客的旅行体验。

综上所述，航站区的规划需要综合考量机场的规模、预期的旅客量及未来的发展潜力，以实现最优的空间利用和运营效率。

图 5-8 为首都国际机场 T3 航站楼。

图 5-8　首都国际机场 T3 航站楼

第六节　港口工程

一、港口分类与组成

(一) 港口的分类

港口可以从不同的角度进行分类：

按用途分为商港、军港、渔港、避风港等；

按所处位置分为河口港、海港和河港等；

按潮汐的影响分为开敞港、闭合港、混合港；

按地位分为国际性港、国家性港、地区性港。

（二）港口的组成

1. 港口水域

港口水域的规划与设计是确保船舶安全航行和高效运作的关键要素，其主要组成部分包括进港航道、锚泊地和港池，每一部分都承载着独特的功能与要求。

（1）进港航道

这是连接外海或主要河流与港口内部水域的通道，对于船舶顺利进出港口至关重要。理想的航道选址应当具备天然的深水条件，低泥沙回淤率，尽量避开横风和横流的影响，同时不受冰凌等自然因素的干扰。航道走向以顺应水流方向的直线路径为佳，以减少航行阻力。航道宽度和深度的设计需考虑船舶尺寸、航行速度、可能的侧向偏移，以及预留足够的安全余地，确保所有类型的船只都能安全通行。对于海港，大型船舶的航道深度常依据乘潮航行原则设定，而在河港，航道深度则需确保符合设计标准船型的安全通过需求。

（2）锚泊地

作为港口水域的重要组成部分，锚泊地提供了一个受保护的区域，船舶可以在此处安全停泊，等待进港许可、装卸作业或是避风。在缺乏深水泊位的情况下，锚泊地还能用于船舶之间的货物转运作业。对于内河运输，驳船船队可在锚泊地进行编队、解组或更换拖轮的操作。

（3）港池

港池紧邻港口的陆域，是船舶靠泊、短暂停留和调头操作的主要场所。根据构造不同，港池可分为开敞式、封闭式和挖入式。开敞式港池与外部水域直接相通，无闸门限制，水位随潮汐变化；封闭式港池设有闸门或船闸，能人为调控水位，特别适用于潮差大的海域；挖入式港池则是通过在岸边挖掘形成，适用于岸线资源有限但地质条件适宜的地区。港池的尺寸设计需综合考量船舶规格、靠泊方式、水流方向及调头区域的布局，确保所有操作的顺利进行。

整体而言，港口水域的规划需兼顾自然条件与船舶作业需求，确保港口的高效运转和安全性。

2. 港口陆域

港口陆域是港口功能实现的核心区域，位于港界线以内，涵盖了所有直接与货物装卸、存储和运输相关的陆上活动空间，以及为这些活动提供支持和服务的辅助区域。这一区域的规划与布局直接关系到港口运营效率与安全性。

（1）装卸作业地带

这是港口陆域中的主要工作区域，专为货物的装卸和处理而设。它包含了各种关键设施，如仓库和露天货场，用于存储货物；铁路和道路网络，确保货物能够快速有效地从船上转移到内陆交通系统；站场和通道，便于车辆和人员的流动，提高物流效率。装卸作业地带的高效运作是港口吞吐能力的基石，因此其布局需精心规划，以适应不同类型货物的处理需求和现代物流技术的应用。

（2）辅助作业地带

为了保障装卸作业地带的顺畅运行，辅助作业地带提供了必不可少的支持性服务。这里设置了各类后勤设施，包括车库和工具房，以维护运输设备和工具；变电所和配电站，确保电力供应稳定；机具修理厂，及时修复和保养作业机械；作业区办公室，协调日常运营；消防站，应对紧急情况，保障港区安全。此外，辅助作业地带还可能包含员工休息室、餐厅等生活配套设施，改善工作人员的工作环境和生活质量。

（3）预留发展用地

考虑到港口未来的扩展需求，规划时我们还会预留一定的土地作为未来发展用地。这部分区域的存在确保了港口能够灵活应对市场变化，适时增加新的设施或扩大现有规模，保持港口的竞争力和可持续发展。

综上所述，港口陆域的合理规划与建设是港口高效运作的关键，它不仅需要满足当前的运营需求，还要具有前瞻性，为未来的发展留有余地。

二、港口规划与布置

（一）港口规划

港口建设是一项复杂且综合性的工程，其规划与实施涉及多方面的考量，包括与周边基础设施的衔接、对地区经济的影响及对自然环境的适应。在启动任何港口项目前，我们必须进行全面的调研与评估，确保新港口或港区的建立能够有效促进国家的工业布局优化，支撑工农业生产的增长，同时与铁路、公路及城市发展规划相协调，形成高效的物流网络。

规划阶段我们需对当地的经济背景和自然条件做深入考察，包括地质、水文、气候等因素，以确定港口的定位与规模，选择最适宜的建设地点。在此基础上，设计团队将提出详细的工程项目方案，涵盖码头、仓储、交通连接等关键设施的布局与规格。随后，通过技术经济论证，我们对方案的可行性与效益进行深入分析，确保投资回报率和长期运营的可持续性。

港口的吞吐量作为衡量其业务能力和效率的重要指标，涵盖了经由水路进出港口的所有货物总量。这包括在港口锚地进行的船舶间货物转载量，即便货物未实际登陆，也计入统计之中。年度货物吞吐量反映了一个港口的繁忙程度及其对区域乃至国家经济的贡献度，是评估港口运营绩效和规划未来发展的重要依据。

港口建设不仅需要精确的前期规划与严谨的论证过程，而且其吞吐量指标直观体现了港口的物流枢纽作用，对于推动地区经济增长和促进国际贸易发展具有不可忽视的战略意义。

（二）港址选择

1. 港址选择一般要考虑的条件

港口选址与建设是一个系统工程，涉及多方面因素的综合考量，确保新港口既能高效运作，又能与周边环境和谐共存。在这一过程中，自然、技术和经济条件构成了决策的三大支柱。

首先，自然条件是选择港址的基础，它决定了港口建设的可能性与限制。这包括对港区地质稳定性的评估，以确保建筑物的安全；对地貌特征的研究，以利于合理布局；对水文气象数据的分析，以预判潜在的自然灾害风险；以及对水深的测量，以满足不同类型船只的通行需求。这些自然要素直接关系到港口的生存与发展潜力。

其次，技术条件聚焦于港口设计与施工的可行性。这要求对防波堤的结构、码头的承载力、进港航道的宽度与深度、锚地的容量、回转池的设计，以及施工材料的可用性和"三通"（通电、通水、通路）条件进行细致规划。技术上的周密安排是实现港口功能完备、运作顺畅的关键。

最后，经济条件则关乎港口的长远发展与成本效益。这不仅涉及对港口性质与规模的界定，还包括对其腹地资源、建港投资、运营管理成本的深入分析。通过对比区域经济地理与城市地理特征，我们从港口布局的经济效益出发，进行全方位的评估与预测，确保港口项目在经济上是合理且有竞争力的。

2. 一个优良港址应满足的基本要求

港址的选择是港口规划中的核心环节，其直接影响着港口未来的运营效率与经济效能。理想的港址应满足一系列综合性要求，旨在构建一个既高效又可持续发展的港口体系。

第一，港址需位于一个拥有广阔经济腹地的区域，以确保稳定的货物吞吐量。其地理位置应当有利于经济运输，靠近腹地进出口货物的中心，从而减少物流成本，实现货物总运费最小化。

第二，港址应与腹地之间建立便捷的交通网络，无论是陆上还是水上，确保货物能够快速、安全地进出港口，提升整体物流效率。

第三，港址的选择应充分考虑与城市发展的协同效应，避免对城市生态造成负面影响，促进港口与城市的共生共荣。

第四，考虑到港口的长期发展，我们应选择具有扩展潜力的地点，预留足够的空间以应对未来业务增长的需求。

第五，港口还必须具备良好的水深条件，能够满足各类船舶的航行与停泊需求，同时拥有充足的岸线与陆域面积，以便于布置各种作业设施，如仓储区、铁路、道路和辅助建筑，确保港口作业的高效进行。

第六，在国家安全层面，港址应便于战时快速调动船舰，确保航道与陆上设施的安全，并易于修复受损的基础设施，提高港口的军事战略价值。

第七，环境保护亦不可忽视，港址的开发应尽可能减少对周边水域生态及自然景观的影响，实现绿色港口建设。

最后，为了节约土地资源，港址的规划应优先利用荒地和劣质土地，尽可能避免占用优质农田和引发大规模拆迁，体现对社会与环境的责任感。

（三）港口布置

港口布置方案在规划阶段是重要的工作之一，不同的布置方案在许多方面会影响到国家或地区发展的整个过程。港口布置必须遵循统筹安排、合理布局、远近结合、分期建设等原则。

这些形式可分为三种基本类型：

①自然地形的布置［图5-9 (f)、(g)、(h)］。

②挖入内陆的布置［图5-9 (b)、(c)、(d)］。

③填筑式的布置［图5-9 (a)、(e)］。

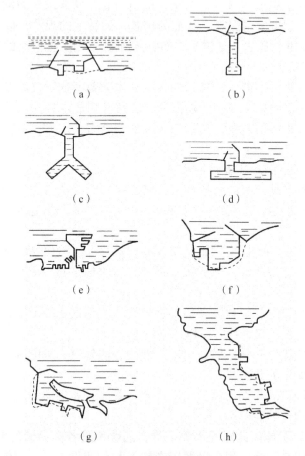

图5-9　港口布置的基本类型

(a) 突出式（虚线表示原海岸线）；(b) 挖入式航道和调头地；(c) Y形挖入式航道；
(d) 平行的挖入式航道；(e) 老港口增加人工港岛；(f) 天然港；(g) 天然离岸岛；(h) 河口港

三、港口中的主要建筑物

(一) 码头建筑

1. 码头平面的形式

码头的平面布置设计依据其与岸线的相对位置和功能需求，主要可以分为三种类型：顺岸式、突堤式及挖入式码头，每种类型都有其独特的应用场景和优缺点。

顺岸式码头，顾名思义，沿着岸线平行建造，这种布局常见于河流港口。其显著优势在于提供了广阔的陆域空间，便于货物的疏散和集散，同时减少了土木工程的复杂性和成本，因此在河港建设中备受青睐。

突堤式码头则通常与岸线成直角或斜角延伸至水中，此类设计在海港中更为普遍。这种布置方式的优点在于能够在有限的水域内创造出更多的泊位，有效提高了港口的船舶停靠能力。然而，由于突堤式码头的宽度受限，库场面积较小，可能会影响货物作业的便利性。

挖入式码头，通过人工开挖形成港池，常见于大型河港及河口港，著名的例子包括德国的汉堡港和荷兰的鹿特丹港。这种类型的港池同样适用于潟湖或沿海低洼地区，通过挖掘获得的土方用于陆域的填筑，创造更多可用土地。挖入式码头不仅适用于水上施工，对于某些项目，还可以采用陆上施工技术。近年来，日本的鹿岛港和中国的唐山港就是运用该模式成功建设的案例。

总体而言，不同的码头布局适应了不同地理环境和港口运营需求，合理选择码头类型是港口规划和设计中的关键因素。

2. 码头的结构形式

码头的结构形式多种多样，主要包括重力式、高桩式和板桩式，这些设计的选择需综合考量使用需求、自然条件及施工条件，确保码头能够安全、高效地服务于海运活动。

重力式码头，依靠自身的重量及结构内部填充物的重量来维持稳定，具有良好的整体性和持久性。这类码头在遭受损害时较易修复，可选择现场整体砌筑或预制装配两种方式构建，尤其适用于地质条件良好、承载力强的地基。

高桩式码头由一系列深埋于地下的基桩支撑起上方的结构，常见的上部构造有梁板式、无梁大板式、框架式及承台式。这种码头结构允许水体和波浪从下方自由流通，不会产生波浪反射，有助于维持航道的畅通和减少泥沙淤积，非常适合软土地质条件。随着技术进步，长桩和大跨度的设计被广泛应用，预应力混凝土管柱或钢管柱逐渐取代传统的小截面桩，形成了更加稳固的管柱码头。

板桩码头主要由板桩墙体和锚碇系统构成，通过板桩和锚碇共同承担地面荷载及背后填土的侧向压力。此类型码头的特点是结构简单，施工周期短，除了极硬或极软的地基外，多数地质条件下都适用。然而，板桩码头的整体稳定性和长期耐受性相对较低，这是在设计时我们需要重点考虑的因素。

（二）防波堤

防波堤作为海岸工程的重要组成部分，用于抵御海浪侵袭，保护港口、海岸线和近岸设施的安全。根据结构特征，防波堤主要分为斜坡式、直立式及混合式三种类型，每种都有其特定的应用场景和优劣点。

斜坡式防波堤以其对地基承载力要求低、便于利用当地材料和简化施工过程的特点，成为一种经济实用的选择。这种类型的防波堤在建造时不需要依赖大型机械设备，且一旦受损，修复工作相对容易。波浪在斜坡表面破碎，因此反射作用较弱，具备较好的消波能力，特别适合软土地基条件。然而，斜坡式防波堤的一个显著缺点是需要大量的建造材料，尤其是护面层的块石或人工块体，由于体积较小，在海浪冲击下容易移位，需要定期维护补给。

直立式防波堤则展现出另一种结构理念，它包括重力式和桩式两种。重力式防波堤通常由墙身、基床和胸墙构成，其中墙身多采用方块式沉箱结构，依靠自身重量来维持稳定。这种设计使得结构更为坚固，材料消耗相对较少，同时内侧可兼作码头使用，特别适用于波浪大、水深且地基条件良好的海域。但是，直立式防波堤的一个明显不足是波浪在其面前会产生强烈的反射效应，消波效果不佳。

混合式防波堤结合了直立式和斜坡式的优点，上部结构采用直立式设计，下部则为斜坡式堤基，这种结构特别适用于深水区域。随着防波堤建设向深水领域发展，大型深水防波堤越来越多地采用沉箱结构。为了进一步提升消波性能，斜坡式防波堤顶部和混合式防波堤底部所使用的新型人工块体种类不断丰富，有效改善了防波堤的防护效能。

（三）护岸建筑

护岸建筑在海岸防护中扮演着至关重要的角色，旨在防止侵蚀并维持岸线稳定。它们主要分为直接护岸和间接护岸两大类，其各自通过不同的方法来实现防护目标。

直接护岸建筑直接作用于岸边，采用物理屏障来抵挡海浪的侵蚀。这包括使用直立式护岸墙或斜面式护坡来增强天然岸线的稳定性。护坡设计通常比自然岸坡更陡峭，以减少所需工程量，同时确保足够的稳定性。护坡材料多样，从干砌或浆砌的块石到混凝土板、钢筋混凝土板、混凝土方块乃至特制的混凝土异形块体均可选用，这些材料能够有效抵抗海浪冲击。

护岸墙特别适用于保护陡峭的岸边，它们通常呈垂直或接近垂直的形态。相比之下，采用凹曲墙面的护岸墙在抵御海浪方面表现更佳。当波浪撞击这种墙面时，产生的飞溅会更高，但随后的下落水流由于墙面的凹曲形状而发生回卷，减少了对墙后填土的破坏，从而更好地保护了填土和提升了岸上环境的安全性。

间接护岸建筑则采取更加微妙的方法，通过潜堤和丁坝等结构促进岸滩前的淤积，以自然方式构建稳定的岸坡。潜堤位于波浪破碎水深附近，与岸线平行，其顶面设计低于平均水位，且呈斜坡状，以此减少波浪冲击力和反射。波浪在潜堤前破碎后，部分水流携带搅动的泥沙越过堤顶，在潜堤与岸线间沉积，逐渐抬高滩地，形成新的岸线，从而加强原有岸线的稳固性。

总之，无论是直接还是间接的护岸建筑，其核心目标都是保护海岸免受侵蚀，同时尽可能地与自然环境和谐共存，确保海岸线的长期稳定和安全。

第六章

土木工程项目管理

第一节　项目管理的基本知识

一、项目与项目管理

（一）项目的概念和特征

项目是一种被特别委托的任务，其本质在于创造独特的产品、服务或成果，这是一种临时性的努力，与常规运营活动有所区分。项目具备一系列关键特征，这些特征共同界定了项目的属性及其管理需求。

第一，项目受到资源和成本的严格约束。尽管企业或组织会调动必要的人力和物资来推进项目，但可用资源总是有限的，且组织必须平衡项目与日常运营的需求，这意味着项目执行必须在限定的预算内完成。

第二，项目的时限性特征显著。每个项目都有一个清晰的起点和终点，无论是成功达成既定目标还是因某些原因提前终止，项目最终都会走向终结。虽然项目的持续时间可长可短，但其生命周期是明确界定的。

第三，项目充满不确定性。在执行过程中，项目团队会遇到各种风险，这些风险源于项目环境的复杂性和产品的独特性。由于项目往往涉及新颖或未曾尝试过的领域，因此项目管理必须面对并应对这种不确定性。

第四，项目的唯一性是其核心特征之一。项目旨在产生独一无二的结果，无论是产品还是服务，其独特性是项目区别于常规运营的关键标志。

项目的一次性实施特征，意味着它是非重复的活动。随着项目目标的逐步实现及成果的交付，项目周期随之结束，这与持续性运营形成了鲜明对比。

第五，项目管理往往伴随着冲突。项目经理需要在资源分配、成本控制、权力行使等方面与多个利益相关者协调，处理好项目内部与外部的各种矛盾，这是项目成功的关键因素之一。

（二）建筑工程项目概念与特征

建筑工程项目作为土木工程领域中的重要实践，是以创建固定资产为核心目标的综合性活动，涵盖从构想到现实的完整周期，包括但不限于规划、勘探、设计、采购、施工、调试、验收及交付等环节。此类项目具备多方面显著特性，具体如下：

首要特征是目标的明确性。建设项目旨在构建实体资产，政府层面着重考量其宏观经济效益与社会价值，而企业视角则聚焦于财务回报率等微观指标，确保项目投资的商业合理性。

其次是整体性，建设项目通常由一系列内在关联的子项目构成，基于同一设计框架，实现统一的财务管理与行政管控，确保整体协调一致。

再次，流程的规范性至关重要。建设项目需遵循一套标准化的实施步骤，典型流程包括项目提案、可行性分析、工程设计、前期筹备、施工建设及最终验收交付，每一步骤均需精心策划与执行。

最后，项目受到多重约束条件的制约。时间限制、资源可用性（如资金、人力资源）及质量标准是三大核心约束，其中时间表需合理安排，资源分配需精准控制，而工程质量需满足预定的技术与功能要求。

一次性是建设项目另一大特性，每个项目都有其独特性，需定制化设计与施工，且一旦启动，资金投入便无法逆转，需一次性组织施工直至完工。

风险性亦不可忽视。鉴于建设项目的高额投资、漫长周期与长回收期，市场波动、原材料价格变化、资金成本及政策调整等因素的不确定性，为项目带来了潜在风险，我们需通过周密的规划与风险管理策略加以应对。

（三）项目管理

项目管理，这一概念承载着双重意义：一方面，它是一种实践活动，项目管理者遵循项目本质与客观规律，运用系统工程的理念、理论与方法，对项目的全生命周期进行高效组织与管理。另一方面，项目管理也是一门学科体系，专注于研究项目管理活动的理论与方法，旨在深化理解并优化项目管理实践。

聚焦于工程项目管理，这门现代科学管理理论致力于深入探究工程建设项目管理的理论体系、规律、方法论及其学科属性。它融合了诸多现代管理理念与工具，展现出以下显著特征：

首先，管理思维的现代化体现在对项目作为一个系统整体的认识上。项目并非孤立元素的集合，而是各要素相互作用、与环境互动的开放系统。系统理论成为项目管理的核心思想，强调内部子系统间的关联、要素间的协同及系统与外界的物质、能量和信息交换。面对项目实施中的偏差，我们需通过信息反馈机制及时调整策略，保持动态控制，确保目标达成。

其次，管理组织的现代化意味着采用开放系统模式，通过科学法规与制度规范组织行为，明确组织功能与目标，有效协调内部层级间及外部环境的关系，从而提升组织效能。

最后，管理手段与方法的现代化，依托现代管理理论，结合数学模型、信息技术、管理智慧与领导力，实施定量与定性分析，促进管理流程的系统化、网络化、自动化与优化，以增强项目管理的科学性与实效性。

二、工程项目管理

（一）概念

工程项目管理是一个综合性的学科领域，它运用项目管理的基本原理、视角和策略来指导和控制工程建设项目从概念萌芽到竣工交付的全部过程。这一管理流程覆盖了项目构思、可行性分析、设计规划、招标采购、施工建造直至项目收尾等各个阶段，而不局限于施工阶段的狭隘视野。

在工程建设项目的生命期内，项目管理的主体是多元化的。业主作为项目的发起者，会进行项目管理以确保项目目标的实现。与此同时，设计单位、监理公司（若业主委派）、施工承包商、材料与设备供应商等参与方，基于各自的职责和利益，也会实施相应的项目管理活动。这些活动旨在优化各自的工作流程，提升效率，控制成本，保证质量和安全，以及遵守法律法规。此外，政府监管部门的角色不可或缺，他们对项目的合规性、安全性、环境保护等方面进行监督，确保项目符合公共利益和法律规定。

值得注意的是，工程项目本质上也是一种投资行为，其资金流动和价值增值构成了项目管理的重要组成部分。当研究焦点转向项目资金的运营与效益评估时，这便进入了投资项目管理的领域。然而，工程项目管理的核心在于工程层面的管理和控制，它聚焦于工程项目的具体实施，确保项目的顺利推进和目标达成。因此，工程项目管理应当充分借鉴和运用项目管理的专业知识与实践经验，以科学、系统的方法来指导项目实施的每一个环节，从而实现项目预期的经济效益和社会效益。

（二）任务

工程项目管理的核心任务涉及六大关键领域，旨在确保项目的高效、有序和成功实施。第一，构建项目管理架构至关重要，这包括定义项目周期中各参与方的组织结构和沟通机制，选择适宜的管理架构模式，筹备项目管理团队，任命项目经理及其他关键职能人员，为项目的顺利推进奠定坚实的基础。

第二，费用控制是保持项目财务健康的关键，应编制详尽的费用计划，无论是业主的投资分配还是施工单位的成本预算，都需确保所有支出都在预定的目标范围内，采取有效的策略和方法，监控并控制成本，避免超支。

第三，进度控制确保项目按时完成，这要求制订全面的进度计划，识别关键节点，构建时间网络，合理安排工作序列和时间节点，持续监控项目进度，及时调整计划以应对延误或提前，保证项目按期交付。

第四，质量控制是项目成功的基石，设定严格的质量标准，实施质量监督和检验，解决质量问题，确保每项工作都能达到既定的质量要求，维护项目的整体品质。

第五，合同管理涉及合同的起草、谈判、签署和修订，以及处理合同执行中的争议和索赔，确保合同条款得到遵守，保障各方权益，减少法律风险。

第六，信息管理优化了项目的信息流通，界定项目内外部的信息交换流程，规定信息传输的形式、时机和内容，确立数据收集与处理的机制，确保信息的准确性和时效性，支撑决策制定和项目透明度。

（三）特点

工程项目管理的独特性体现在其复杂性、动态性、创新需求、专业组织构建及项目经理的领导核心作用上。

第一，作为一项高度复杂的活动，工程项目管理涵盖了大规模、跨领域的协作，涉及新技术与材料的应用，以及多组织机构的协同。它不仅要求深邃的专业知识，还需融会贯通技术、经济、法律及管理等多学科理论，以应对项目全周期的挑战。

第二，工程项目管理是一个持续演进的过程，从构思至竣工，历经数月至数年不等。其间，内外部环境的不确定性，如客户需求的波动、现场条件的变化、市场与政策的动态调整，均需项目管理者灵活应对，适时调整治理策略，以确保目标的达成。

第三，创新是工程项目管理的灵魂。鉴于每个项目独特的背景与目标，管理者需摒弃僵化模式，勇于探索，运用新颖思路与手段，定制管理方案，以适应项目特性和环境变迁，推动项目目标的实现。

第四，专业的项目组织是成功的关键。面对错综复杂的工程网络，包含业主、承包商、设计方、监理等多元参与者，一个目标清晰、结构开放、动态调整的组织体系不可或缺。它不仅确保了资源的有效配置，还促进了信息的顺畅流通，为项目管理提供了坚实的组织基础。

第五，项目经理作为灵魂人物，肩负着促使项目成功的重任。其个人特质，包括责任心、激情、风险意识、丰富经验、卓越的组织与决策能力，乃至身体健康，都是项目顺利推进的重要因素。一位出色的项目经理能激发团队潜能，引领全体成员克服难关，共同迈向项目胜利的彼岸。

（四）各方项目管理的目标

建筑工程项目管理根据不同参与方的角色和职责，可划分为业主方、设计方、施工方、供货方及总承包方的项目管理，每一方的管理目标和侧重点各有差异，但均服务于项目的整体利益和自身利益。

业主方作为项目的发起人和核心组织者，其项目管理涵盖投资方、开发方及委托的工程管理咨询公司的活动。业主方管理的核心在于平衡项目的投资目标、进度目标和质量目标，确保项目在预算内按时完成且质量达标。三大目标间存在相互制约关系，我们需根据项目阶段灵活调整管理重点，如前期侧重投资控制，后期则更关注进度。

设计方的项目管理聚焦于设计成本、进度、质量及项目投资目标，其中设计工作的优劣直接影响投资目标的实现。设计方的管理活动贯穿项目的设计阶段，同时向前延伸至设计前的准备阶段，向后扩展至施工、动用前准备及保修期，以确保设计方案的可行性与经济性。

施工方项目管理围绕施工安全、成本、进度和质量展开，主要在施工阶段执行，但亦需考虑设计、准备、动用前准备及保修期的需求，旨在实现高效、安全、高质量的施工过程。

供货方项目管理则着重于供货成本、进度和质量目标，与施工方类似，供货方的管理活动覆盖从设计准备到保修期的多个阶段，确保物资供应及时、成本可控且品质满足要求。

总承包方项目管理整合了设计、采购、施工等多个环节，其目标囊括项目的总投资、成本、进度和质量。总承包方的管理贯穿项目实施的全过程，从设计前的准备直至保修期结束，力求实现项目的综合效益最大化。

三、工程项目管理发展趋势

(一) 信息技术对项目管理的优化升级

互联网技术的迅猛发展为工程项目管理带来了革命性的变化，它不仅提供了强大的计算机辅助管理工具，还催生了工程项目管理信息系统的创新应用。这一系统涵盖了成本、进度、质量控制、合同管理及人力资源调配等多个关键领域，借助互联网平台，实现了项目信息的实时共享与高效协作，使得远程项目管理成为可能，大大提升了项目管理的效能和精确度。

虚拟建设理念的引入，进一步拓展了项目管理的边界，它借鉴了虚拟企业的模式，将之应用于建筑项目中，强调设计与施工的深度融合，以及通过电子通信手段加强各参与方之间的沟通与合作。这一概念最早由美国发明者协会在 1996 年提出，其核心在于打破传统项目管理中的信息孤岛，构建一个多方联动、信息透明的项目管理体系，从而提升决策速度与项目执行的灵活性。

充分利用信息技术和网络资源，实现生产要素的优化配置和动态调度，是提升项目管理效率与经济效益的关键所在。它不仅促进了项目管理方式的革新，还推动了社会活动向更加集约化、节约化的方向发展。在这个过程中，智力资源与信息资源的共享变得尤为重要，它们不仅满足了时代的需求，更为现代项目集成管理的优化升级与持续创新提供了强大动力。

总而言之，信息技术与网络的融合应用，正深刻改变着工程项目管理的面貌，不仅提高了管理效率，还促进了资源的有效利用与合理分配，为项目管理的现代化进程注入了新的活力。

(二) 注重项目全寿命周期管理

全寿命周期管理是一种全面覆盖工程项目从初始构想到最终拆除的每一个阶段的管理策略。这一方法旨在确保项目的每个环节都能得到精心策划、有效协调与精准控制，从而在既定的时间框架和预算范围内，高质量地完成建设目标，并充分满足投资方、运营者及终端使用者的多元化需求。

过去，我国的工程建设管理机制存在明显的碎片化问题，项目管理与咨询服务分散在不同部门之间，导致信息流通不畅，资源分配低效，影响了决策的质量、设计的优化、监理的效果、施工的专业性及业主的全面管控能力。这种割裂的管理模式不仅造成了人力物力的浪费，也阻碍了项目整体效能的发挥。

然而，随着项目管理理论与实践的不断进步，业主作为市场的主要需求方，对于建筑行业提出了更高更全面的要求。传统的单点承包模式，即仅关注工程设计、施工或物资采购等单一环节，已逐渐让位于更加综合的承包方式。业主现今倾向于寻求一站式解决方案，涵盖设计、施工、物资采购乃至项目调试与运行的全过程整合服务。这种转变反映了业主对于项目效率、成本控制和质量保障的综合考量，也标志着建筑行业正朝着更加集成化、专业化和客户导向的方向发展。

第二节　工程项目管理机构

一、工程项目管理组织

（一）工程项目管理组织机构的设置原则

组织构成的核心要素——管理层次、管理跨度、管理部门和管理职责——共同编织了一个复杂但有序的网络，支撑着组织的运作与发展。在构建组织架构时，这些要素需紧密配合，确保体系的连贯性和有效性。

目的性原则：组织结构的设计首要服务于项目管理目标的实现，这意味着机构设置、岗位编制、人员配置均围绕达成项目目标展开，通过明确职责与权限来促进目标的顺利实现。

精干、高效原则：追求组织的精简与效能，避免冗余，提倡人员的一专多能与多职兼备。同时，注重提升团队成员的专业素养，兼顾实用与培养，以增强组织的整体实力。

管理跨度和分层统一原则：管理跨度涉及主管直接管辖的下属人数，跨度的大小直接影响管理效率。在施工项目中，我们应适当缩小跨度，以便管理者集中精力于核心业务。设计合理的层级与跨度，确保组织架构清晰，便于调整与优化。

业务系统化管理原则：鉴于施工项目包含多个子系统，组织结构应体现系统化管理思想，确保各部分协同作业，避免职责冲突与信息孤岛，形成高效运转的闭环管理体系。

弹性和流动性原则：考虑到工程项目的特性，如单件性、阶段性等，组织结构需具备灵活性，能够根据工程进度与需求变化快速调整，保持组织的活力与适应性。

项目组织与企业组织一体化原则：项目组织嵌入企业组织体系中，二者相互依存，项目组织的人员源于企业，解散后亦回归企业。因此，项目组织的形式需与企业总体战略和组织形态相协调，确保内外部管理的无缝对接。

（二）工程项目管理组织形式

项目组织形式的选择对于项目成功至关重要，主要的组织形式包括职能式、项目式及矩阵式，其各有特点和适用场景。

1. 职能式

职能式组织是最常见的结构，企业按功能划分部门，如计划、采购、生产、营销、财务、人力资源等。项目工作被视作各部门日常工作的一部分，通常没有专门的项目经理，而是由各职能部门的负责人进行协调。这种结构的优点在于资源分配灵活，有利于技术提升和整体活动的协调，但缺点是责任不明确，跨部门沟通困难，尤其是对于技术复杂或跨领域的项目，可能造成协调难题。

2. 项目式

项目式组织则是针对具体项目设立独立的项目团队，包括自己的营销、生产、计划、财务等人员，每个项目都有明确的项目经理负责。这种结构下，项目目标清晰，决策迅速，有助于培养全面的管理人才，但同时也存在资源重复配置、缺乏跨项目交流机会及对高层协调能力要求高等问题。

3. 矩阵式

矩阵式组织结合了职能式和项目式的优点，通过建立纵横交错的管理框架，既能保持职能部门的专业支持，又能确保项目管理的高效运行。项目经理对项目活动负责，职能部门负责人则管理专业资源的分配。这种结构在多个项目共享资源时尤其有效，促进了人才的全面发展，但也带来了双重领导的挑战，需要更高的管理水平和顺畅的信息沟通机制。

每种组织形式都有其优劣，选择合适的项目组织时，我们需要考虑项目的特性、企业的资源状况及管理团队的能力。在实际应用中，企业可能还会根据具体情况进行混合或调整，以达到最佳的项目管理效果。

二、项目经理

（一）项目经理的职责

项目经理的角色核心在于确保项目在既定的时间、预算和质量标准下顺利达成目标，从而赢得客户或业主的满意。以下是项目经理的主要职责概述：

1. 贯彻委托方意图

项目经理作为业主的代理，负责对项目的资源进行有效管理，确保在资源限制下，所有资源得到高效利用。他们需要与委托方保持紧密沟通，定期报告项目进展、成本消耗、预期成果及潜在风险，致力于实现项目目标，最终达成委托方的期望。

2. 确保多方利益相关者满意

即便项目在目标、时间、预算等方面达标，若未能满足所有关键利益相关者的期待，也不能称之为成功。项目经理应引导团队与委托方、客户及其他相关方保持良好互动，理解并适应他们对项目的需求与期望的变化，同时平衡不同方的利益，通过自身努力促进项目的整体利益最大化，使所有参与者都能从中获益。

3. 规划与组织项目执行

规划职责涵盖设定清晰的项目目标、定义项目任务及编制各类计划。组织职责则涉及确保项目获得充足的人力、物资和资金资源，构建高效的项目团队，合理分配任务，授权团队成员，处理内部冲突，以及组织必要的培训活动。

4. 指导与监控项目进程

在指导项目时，项目经理应运用个人影响力和正式权力，给予团队成员自主空间，并准备应急方案以应对突发状况，全力服务于项目目标的实现。面对来自上级领导、职能部门或其他外部方的直接干预，项目经理需保持开放态度接收建议，但须维护团队的独立性和指挥权。此外，项目经理还需对整个项目进行全面监控，控制项目进度、成本和质量，通过设定标准、评估绩效、识别偏差并采取纠正措施，确保项目自始至终处于可控状态。

项目经理的职责复杂且多样，要求其具备出色的领导力、沟通技巧和项目管理专业知识，以引领项目团队克服挑战，实现既定目标。

（二）项目经理的基本业务素质

项目经理的业务素质是多维度能力的集合，涵盖核心、必要与增效三个层面，旨在确保项目顺利推进并达成目标。以下是项目经理所需的关键能力：

1. 创新能力

鉴于项目的独特性和市场环境的激烈竞争，项目经理需具备创新能力，勇于打破常规，超越社会、思维及习惯的局限，探索新路径与解决方案。

2. 决策能力

决策能力关乎项目经理基于外部环境和内部资源，设计并优选建设管理策略，明确发展方向。这是衡量领导力的重要指标，对项目组织活力至关重要。

3. 组织能力

包括分析、设计和变革项目组织结构的能力。项目经理需评估组织效能，设计优化的管理架构，并有能力实施变革，提升组织效率。

4. 指挥能力

指项目经理有效发布指令和指导团队的能力，要求在统一性与多样性间取得平衡，辅以制度保障，确保执行力强且纪律严明。

5. 控制能力

自我调控、识别偏差及设定目标的能力，确保项目经理能够自我审视、快速反应并设定可量化的业绩目标。

6. 协调能力

关键在于处理项目内外部关系，化解冲突，建立良好的工作氛围和社会关系网，为项目营造有利的外部环境，减少干扰，争取广泛支持。

项目经理的成功不仅依赖专业技能和知识，更需具备上述综合能力，通过高效领导和团队协作，推动项目向既定目标迈进。在大型工程项目中，卓越的协调与沟通技巧尤为重要，它们有助于构建和谐的团队氛围，促进跨部门合作，确保项目按期、按质、按预算完成。

（三）现代项目经理的管理技巧

项目经理在引领项目走向成功的过程中，需掌握一系列关键技巧，以确保团队协同、矛盾化解、高层支持及资源的有效配置。

1. 队伍建设技巧

建立一支高效能的项目团队，项目经理需创造一种促进协作的环境，将所有参与者整合进项目体系。关键在于培育一种工作文化，其中团队成员全情投入项目，维护良好的人际关系，共享专业技能与资源，围绕清晰的项目目标与标准团结一致，同时最小化内部冲突。

2. 解决矛盾的技巧

成功的项目经理需理解组织动态与个体行为间的互动，营造利于团队士气的环境，抑制破坏性矛盾。通过与各层级组织保持有效沟通，定期召开状态评审会作为沟通渠道，项目经理可提前识别并规划应对冲突的策略。高超的管理者能敏锐判断何时何地何种矛盾有益于项目，掌握平衡点，确保矛盾激发创新而非阻碍进展。

3. 取得管理阶层支持的技巧

鉴于项目受多方利益相关者影响，项目经理需洞悉这些关系网络，以增强与高层管理层建立稳固联系的能力。在一个权力分散、偏好各异的项目组织中，唯有获得高层坚定支持的有力领导者方能引导项目克服阻力，朝着既定目标前进。

4. 资源分配技巧

在众多项目经理共存的复杂组织架构下，资源分配是一项挑战。项目经理需依据项目目标，精心规划和平衡资源。一份全面细致的项目计划有助于任务执行与自我监控，工作分解结构则为资源分配提供基础。项目经理与关键干系人就任务、预算与进度达成共识至关重要。在项目早期阶段，如概念形成期，通过关键干系人的深度参与，项目经理可以确保规划、进度和预算得到充分保障，此时仍有机会调整参数，以适应未来变化。

项目经理不仅需精通技术细节，更要掌握上述软技能，以领导团队跨越难关，达成项目目标。

三、项目团队

项目团队，作为项目管理的核心组成部分，是指被指定参与项目以实现特定可交付成果和目标的一群全职或兼职人员。其职责涵盖了从细化活动计划到确保工作在预算、时间框架和质量标准内完成的方方面面。团队成员需及时向项目经理通报任何问题、范围变更、风险或质量问题，同时积极参与项目状态的沟通和预期事件的主动管理。项目团队可能由单一或多个职能单元构成，甚至跨越不同的组织界限，体现出矩阵式管理的特点，特别是在跨部门团队中更为常见。

项目团队的本质属性体现在几个关键方面：

目标导向：项目团队的存在是为了完成特定任务，达到既定目标，满足客户和其他利益相关者的多样化需求。

临时性：与项目的生命周期同步，项目团队随项目的启动而组建，随项目的结束而解散，体现了明显的临时性组织特性。

领导核心：项目经理作为团队的领头人，扮演着至关重要的角色，负责指导和协调团队成员。

合作精神：项目团队强调团队协作，鼓励成员间相互支持，共同努力达成项目目标。

灵活性：团队成员的构成可根据项目需求动态调整，增加或减少人员以适应项目进展。

组织保障：项目团队的建设和有效运作是项目成功的关键组织保证，团队的凝聚力和效率直接影响项目成果。

鉴于项目团队的这些特性，其构建与管理成为项目顺利实施的重要因素，需要项目经理具备相应的领导力和团队管理技巧。

第三节　工程项目管理模式

一、传统项目管理模式

（一）设计－招标－建造模式

DBB（Design－Bid－Build）模式是一种传统的工程项目交付方法，在全球范围内广泛应用。该模式遵循一种线性的项目流程，首先，业主会聘请专业的设计顾问进行项目概念化、评估与设计，随后通过公开竞标的方式选择最合适的承包商来执行施工。在 DBB 架构下，三个主要参与者——业主、设计师与承包商——各自独立，分别签订合同，形成一种三角关系。

DBB 模式的优势在于其严谨性和透明度。业主在挑选设计顾问时，更倾向于选择那些声誉良好且经验丰富的机构，这有助于提升项目评估的精准度和设计的质量。设计与施工的分离，允许双方独立作业并互相监督，有助于维护工程品质。此外，通过招标确定承包商，我们不仅能够引入竞争机制，还有助于控制成本，确保资金的有效利用。

然而，DBB 模式亦存在一些固有的局限性。由于项目的各个阶段是顺序进行的，这种线性流程往往导致较长的建设周期。前期的咨询与设计费用也构成了额外的成本，增加了业主的财务负担。更重要的是，设计与施工环节的割裂，可能导致设计方案在实际施工中遭遇挑战，频繁的设计变更、协调难题及责任归属的模糊，都可能引发一系列的纠纷和索赔事件，从而影响项目的整体进度和预算控制。

（二）设计－建造模式

DB（Design－Build）模式，也被称为交钥匙工程（Turnkey）、一揽子工程（Package Deal），在中国则通常称为设计－施工总承包模式（Design and Construction Contracting），是一种整合设计与施工过程的项目交付方式。在 DB 模式下，业主在项目早期阶段即邀请数家具备资质的总承包商提交包含初步设计和成本估算的提案。中标后，承包商将全权负责项目的后续设计及施工工作，直至交付一个"即插即用"的成品给业主。

（三）建筑工程管理模式

CM（Construction Management）模式是一种创新的项目交付体系，它强调在项目的早期阶段就引入经验丰富的建设管理公司，使之与设计团队协同工作，促进设计与施工的无缝衔接。通过直接沟通，施工方能为设计提供基于实践的建议，确保设计的可实施性和经济性。一旦设计阶段完成，该建设管理公司负责项目的施工管理和协调。

在 CM 模式下，工程被细分为多个可独立推进的部分，允许"边设计、边施工"，即所谓的快速路径法。这意味着无需等待整个设计完成即可开始部分施工，显著加快了项目的整体进度。根据风险承担方式的不同，CM 模式又分为代理型 CM（Agency CM）和风险型 CM（At－Risk CM）两种。

CM 模式的优势主要包括：

1. 缩短项目周期：设计与施工并行，打破了传统的线性流程，大大减少了从设计到交付的时间，加快了施工进度。

2. 提升设计质量与可行性：由于建设管理单位早期介入，设计更贴合实际施工需求，减少了后期的设计变更，增强了设计与施工的一体化程度。

然而，CM 模式也有其局限性：

1. 对建设管理单位要求高：需要具备高水平的专业能力和良好声誉，能够提供精准的咨询服务和有效的项目管理。

2. 合同模式的适应性：CM 模式常采用"成本加酬金"合同，这种合同类型在国内应用较少，可能面临法律法规、市场接受度等方面的挑战。

（四）建造－运营－移交模式

BOT（Build－Operate－Transfer）模式是一种公私合作的项目融资和执行机制，通常用于基础设施建设。在此模式下，私营部门的财团或投资者获得政府授予的特许经营权，负责项目的融资、设计、建设和运营。在特许期内，项目公司通过运营收益偿还债务，并赚取利润。特许期结束后，项目资产无偿或以象征性价格转交回政府。

BOT 模式的核心优势在于：

1. 减轻政府财务负担：它使政府免于直接承担项目的借款和还款责任，降低了公共债务水平。

2. 风险转移：私营部门承担了项目的建设、运营和财务风险，减少了公共部门的风险暴露。

3. 吸引外资：为发展中国家提供了引进外国资本的渠道，助力基础设施建设，缓解资金短缺。

4. 技术与知识转移：国外承包商带来的先进技术和管理经验有助于本地企业成长和国际经济融合。

然而，BOT 模式也伴随着一些挑战：

1. 控制权缺失：在特许期内，政府丧失对项目的所有权和运营控制，影响其对项目管理的直接干预能力。

2. 结构复杂与高融资成本：涉及多方参与者和长期承诺，项目启动周期长，融资结构复杂且成本高昂。

3. 潜在税收损失：项目公司的税务安排可能导致政府收入减少。

4. 掠夺性经营风险：私营运营商可能会追求短期利润最大化，忽视长期维护和公众利益。

5. 外汇外流：项目竣工后的运营收入可能流向外国投资者，减少国内经济循环。

6. 风险分配不均：虽然转移了建设风险，但政府可能面临其他风险，如市场、利率和汇率波动的影响。

总之，BOT 模式通过公私合作推动了基础设施建设，但在实施时我们需谨慎平衡各方利益，确保项目的长期可持续性和公共价值最大化。

二、现代项目管理模式

（一）设计－采购－施工总承包（EPC）模式

EPC 模式是一种综合性的项目交付体系，其中业主或投资方委任单一的主承包商全权负责工程的设计、材料设备采购及施工建设，直至项目按合同约定条件完工并移交给业主。此模式特别适用于大型、周期长且技术复杂的工程项目，强调市场机制的作用，赋予 EPC 承包商广泛的自主权，以创新和效率为导向，寻找最优化的实施方案。

EPC 模式的显著优势包括：

1. 风险转移与专业管理：业主或投资方得以规避项目管理中的专业知识与经验短板，将不确定性风险转移至具备相应能力的 EPC 承包商手中，同时保持一定的项目参与度，提供战略指导。

2. 承包商自主性与效益：EPC 模式下，承包商享有从设计到施工的全程主导权，这不仅激发了承包商的创造性和效率，还有助于整合公司内部资源，实现成本与时间的优化，尽管伴随较高的风险，但良好的风险管理策略可将风险转化为利润点。

然而，EPC 模式也存在不容忽视的局限性：

1. 承包商能力要求高：EPC 模式的成功实施高度依赖总承包商的综合实力，包括设计、采购、施工管理等全方位能力，而市场上能满足这些高标准要求的承包商相对稀缺。

2. 集中化的风险与控制：项目的质量、进度与成本控制责任完全落在总承包商身上，这不仅加大了承包商的风险负担，同时也意味着业主对项目的直接控制力减弱，监督力度受限。

3. 成本估算与项目可行性：鉴于 EPC 模式下承包商需承担更广泛的责任，其项目报价往往比传统模式更高，如果成本预估不当，可能影响项目的整体经济性与可行性。

综上所述，EPC 模式通过集成化管理和风险转移为业主提供了一站式解决方案，同时也对承包商的专业能力和风险管理提出了更高要求，其适用性需基于项目特性与市场条件综合考量。

（二）PMC（项目管理承包）模式

项目管理承包（PMC）模式是一种先进的项目交付方式，通过委任专业项目管理承包商作为业主的代理，进行全面的项目管理。从项目定义、策划、融资、设计、采购、施工到最终的运营准备，PMC 服务商贯穿项目的各个阶段，确保项目的高效执行。PMC 服务商凭借其专业技术和管理经验，协助业主进行可行性分析，优化设计，甄选各类承包商，监控工程进度、成本与质量，同时向业主汇报项目状态，确保目标的一致性与利益的协同。

PMC 模式的优势在于：

提升项目管理效能：PMC 服务商以其专业化、系统化的管理手段，显著增强项目管理的水平和效果。

融资与风险减轻：在项目早期，PMC 服务商与业主合作开展融资活动，有效降低财务风险，促进资金到位。

成本控制与激励机制：通过成本加酬金的合同结构，建立合理的激励与约束体系，有利于成本节约。

减轻业主管理负担：PMC 模式下，业主可大幅缩减项目期间的组织架构与管理工作，专注于核心业务。

然而，PMC 模式也面临一些挑战：

业主监管受限：业主在项目执行过程中的直接参与度降低，对 PMC 服务商的监管可能不如预期的深入。

高质量 PMC 服务商稀缺：大规模、复杂项目的 PMC 模式实施，需要寻找具有顶级资质与能力的项目管理承包商，而这类服务商在市场上相对较少，选择难度大。

总之，PMC 模式通过引入专业项目管理力量，实现了项目管理的专业化与精细化，但在选择合适的 PMC 服务商和平衡业主监管方面我们需要谨慎考虑。

（三）一体化项目管理团队（IPMT）模式

一体化项目管理团队是一种创新的项目管理模式，旨在通过整合业主方与工程项目管理咨询方的资源，构建一个统一的项目管理平台。这一模式的核心在于将不同工程项目参与方的人员按照其专业技能、工作经验进行合理分配，形成一个高效协同的工作团队。具体而言，"一体化"体现在三个方面：

1. 组织与人员配置一体化：通过评估不同参与主体的员工技能，重新分配，确保每位成员能在最适合的岗位上发挥最大的效能。

2. 项目程序体系一体化：在项目启动阶段，设计一套兼容并蓄的管理程序，确保所有参与方能顺畅适应新的组织架构与运行模式。

3. 工程建设与管理目标一体化：整合各方管理目标，制定统一的项目管理目标，并在工程建设的每个环节中体现，确保目标的一致性和项目的顺利推进。

一体化项目管理的目标是通过规范大型工程项目的管理系统和程序，推动设计标准化、资源优化配置及管理组织的整体性，以实现项目管理的四大核心目标。

从业主的角度看，IPMT 模式的优势显著：

1. 资源最大化：业主与项目管理公司通过互补优势，实现资源的最优化利用。

2. 管理简化：项目组织结构的整合有助于提高管理效率，简化管理流程，促进信息流畅。

3. 技能提升：业主能够学习项目管理承包公司的先进经验，提升自身的项目管理能力。

4. 工作重心调整：业主可以将非核心的项目管理工作转交给管理承包商，集中精力于技术管理、资金筹措等核心业务。

5. 全面优化：利用项目管理承包公司的专业经验，业主能实现项目管理的全面优化。

6. 快速学习：业主团队可以直接使用项目管理承包公司的工具和体系，加速掌握项目管理知识，为未来项目积累经验。

7. 高效人力利用：业主可利用有限的人员资源，实现对多个项目的有效管理控制。

然而，IPMT 模式也存在一些潜在的挑战：

责任界定难题：一旦项目出现问题，根据合同条款界定责任归属可能较为复杂。

思维与体系差异：不同参与方的观念和体系差异可能导致合作障碍，需加强沟通与协调，确保思想统一，增强合作意识，减少冲突。

IPMT 模式的成功实施，需要双方在合作初期即建立清晰的责任框架，同时通过加强沟通与协作，确保项目目标的一致性和团队的高效运作。

（四）Partnering 模式

Partnering 模式，作为一种先进的项目管理方法，其概念虽未达成完全一致的定义，但核心理念得到了广泛认同。它被视作一种长期合作的承诺，由两个或更多组织为了共同的商业利益而形成，旨在打破传统的孤立合作关系，建立一种超越组织边界的融洽关系，共享资源与利益。这种关系的基石是互信、共同目标的追求，以及对各方期望与价值观的深刻理解，旨在实现效率提升、成本节约、创新机会的增加及产品质量的持续改进。

Partnering 模式的实施，通过确立共同目标，促使项目各方将整体利益置于首位，有效缓解了参与方间的利益冲突。其显著优势包括：

目标优化：促进项目总目标的优化，确保所有参与方的努力方向一致。

资源节约：通过建立联盟，减少资源的冗余消耗，提高资源利用效率。

信息透明：实现信息的开放共享，促进有效沟通，减少争议，提升工作效率。

周期缩短与质量提升：能够显著缩短项目周期，提高工程质量和降低建设成本，从而增加各方收益，实现共赢。

然而，Partnering 模式亦有其局限性，主要体现在以下几个方面：

1. 信任依赖

模式的运作高度依赖成员间的信任，缺乏物质或法律层面的保障，可能引发信任危机或团队风险。

2. 创新抑制

长期稳定的合作关系可能会导致合作方趋于保守，减少创新动力，影响组织的活力与竞争力。

3. 成本投入

实施过程中涉及诸多间接成本，如会议、培训和沟通机制的建立，增加了项目的非直接支出。

4. 信息安全

在信息共享的过程中，若无适当的安全措施，企业机密泄露的风险增大。

5. 法律效力

Partnering 协议通常不具备法律合同的约束力，可能在纠纷解决时缺乏明确的法律依据。

Partnering 模式强调了合作与共享的价值，通过建立紧密的合作伙伴关系，促进了项目成功与多方共赢，但在实践中我们也需警惕潜在的风险与挑战，确保合作的可持续性和有效性。

第四节 工程项目沟通管理

一、沟通管理概述

工程项目沟通管理是确保项目信息在恰当时间以适宜方式生成、收集、处理、存储并传播的关键环节。它不仅涉及信息本身及其传递过程，还包括人们在项目工作中所进行的思想交换与情感交流活动的全面管理。项目管理者必须掌握"项目语言"，即有效沟通的语言和技巧，以规范和优化沟通活动，因为成功的项目管理离不开高效的信息管理和沟通。这包括对口头、书面及其他沟通形式的综合管理，是一项至关重要的项目管理工作。

沟通管理依据信息流动的方向、沟通方式和渠道的不同，可细分为多种类型，如下向、上向、平行、外向沟通，单向与双向沟通，正式与非正式沟通，书面与口头沟通，言语与体语沟通，以及链式、轮式、环式、Y 式和全通道式沟通等。

沟通在工程项目管理中扮演着核心角色，具体体现在：

激励：通过有效沟通激发团队士气，提升工作效率。

创新：沟通促进思维碰撞，激发创意，推动项目创新。

交流：确保信息流通，帮助项目各方达成共识，协同工作。

联系：使项目经理能了解内外部需求和环境变化，保持项目与外界的联系。

信息分发：确保关键信息及时、准确地传达至所有相关方，避免信息孤岛，减少项目风险。

项目经理通常需要投入大量时间（75%以上）用于沟通，以发挥沟通在项目管理中的核心作用，确保项目目标的顺利实现。有效沟通有助于规避风险、促进项目成功，而缺乏有效沟通则可能导致项目效率低下乃至失败。因此，信息分发作为沟通管理的一部分，其重要性在于确保信息的及时性和准确性，使所有利益相关者都能获取所需信息，进而做出明智决策，推动项目向前发展。

二、工程项目利益相关方之间的沟通

（一）与建设单位的沟通

在工程项目的实施过程中，建设单位作为项目的持有者，拥有最高的决策权，而项目管理机构则是被委任的专业团队，负责项目的日常运营和管理。为了确保项目成功，满足建设单位的期望，建立和维护项目管理机构与建设单位之间的有效沟通至关重要。

沟通的基础在于双方的理解与信任。项目经理应当深刻理解项目的总体目标及建设单位的核心意图，这要求他们不仅要熟练掌握合同条款或项目任务书的细节，还要积极邀请建设单位深入参与项目的各个阶段。通过执行建设单位的指示，项目经理应站在建设单位的角度审视需求，明晰其服务期望，以此减少潜在的分歧与冲突。同时，教育和引导建设单位熟悉项目管理流程，避免非正规的干预和层级混乱的指挥，对于维持项目进程的顺畅同样重要。

尊重与透明度是沟通的另一基石。项目经理应持续向建设单位通报项目进展，无论是正面还是负面的信息，都需完整且及时地传达，以确保建设单位能够基于充分的信息作出决策。在关键节点，项目经理有责任协助建设单位评估方案的优劣，预测其对项目目标的长远影响，从而辅助建设单位做出更为明智的选择。

当建设单位委任项目管理任务时，其应承担起责任，向项目经理详尽介绍项目早期策划和决策的全过程，分享所有相关的背景资料。这一举措不仅能够帮助项目经理快速进入角色，还能够确保项目管理策略与建设单位的战略愿景高度一致，从而增强合作的效率与效果。

（二）与参建单位的沟通

在工程项目中，参建单位包括设计单位、监理单位、施工承包单位及材料供应商等，尽管它们与项目管理单位之间可能不存在直接的合同联系，但这些单位的活动与项目整体的成功息息相关。项目管理机构及其项目经理在协调与监督这些单位时，需采取一系列策略以促进协作与高效执行。

首要任务是确保所有参建单位对项目的总体目标、阶段性目标及各自的职责与任务有着清晰的认识。这要求项目经理不仅要进行详尽的技术交底，还需在项目周期内持续提供信息更新，增强项目透明度，让各方都能对项目进展有全面的了解。

此外，项目经理应扮演指导者的角色，培训并协助参建单位适应项目管理流程，包括但不限于项目管理规范、沟通机制与工作方式。通过协商与指导，他们共同探讨如何优化工作流程，提升工作效率与质量。

项目经理虽由建设单位授权，具有较大的决策权限，但在处理与参建单位的关系时，其应秉持服务心态，而非权威姿态，除非必要，避免轻易动用合同处罚手段，转而强调协同合作，强调共同利益与项目目标的一致性，以此构建基于信任与尊重的工作氛围。

为减少冲突，提升团队凝聚力，项目经理应主动搭建沟通平台，鼓励参建单位分享项目实施中的信息、成果、挑战乃至不满与建议。开放的沟通渠道有助于及时发现问题，减少误解，同时也为参建单位提供了表达意见的机会，增强了他们的参与感与归属感。

（三）项目管理机构内部沟通

在项目管理机构的内部沟通体系中，项目经理担当着枢纽角色，其关键职责在于协调不同职能团队，激励团队成员，确保项目管理机构内部的高效运转。项目经理需精心构建沟通网络，确保每位成员能获取与自身职责相关的关键信息，促进跨部门的协作与支持，培养团队精神，激发个体潜能，共同致力于项目管理的卓越表现。

项目经理应深化与技术团队的互动，充分调动技术人员的专业优势，同时重视解决方案的实用性和跨领域的一致性，构建健全的项目管理体系，通过明确界定职责范围，设计严谨的工作流程，确立正式的沟通准则，如沟通方式、渠道及频次，促使团队成员遵循既定程序，遵守规章制度。

鉴于工程项目的特性，项目经理尤须关注成员的心理与行为激励，倡导民主管理风格，避免专制决策，营造和睦的工作环境，应展现亲和力，广泛吸纳意见，公正处理事务，如资源分配、绩效奖励及反馈接纳，及时传达高层指示，定期召开会议，通报项目状态，面对挑战时鼓励团队团结一致。项目沟通通常历经三个阶段：初期磨合期，成员间缺乏默契，需时间适应；中期高效期，团队协作顺畅，项目进展迅速；末期收尾期，成员面临职业不确定性，可能导致动力减退，效率下滑。

为克服这些阶段性的沟通挑战，项目经理应采取针对性策略。在项目启动阶段，其着重于打破隔阂，增进了解，引导成员熟悉项目运作机制。进入中期，其强化团队协作，优化工作流程，保持高效率。临近项目终结，其需稳定军心，重申项目价值，鼓励成员善始善终，同时规划职业过渡，确保项目平稳收尾。

（四）项目经理与职能部门的沟通

在矩阵式组织结构下，项目经理与职能部门经理之间的沟通扮演着至关重要的角色，这种模式要求职能部门持续不断地向项目输送资源并提供管理支持，两者之间存在着紧密的相互依赖关系。然而，这种结构下的权力分配与利益平衡往往引发复杂且微妙的冲突，因为项目管理的目标与职能管理的传统目标时常存在差异，每一个项目决策和行动都需要在这两个层面之间找到共识并达到协调。

项目经理个人所能直接控制的范围有限，项目的成功很大程度上依赖获得职能部门经理的配合与协助。因此，项目经理与职能部门经理之间的界面协调成为项目成功的决定因素。为了维护良好的工作关系，项目经理应当尽力在内部解决与职能部门经理之间的分歧，避免将争议升级至公司高层，因为这种做法不仅可能加剧双方的对立，还会对未来合作造成障碍。

为了促进有效的沟通与协作，双方需要建立清晰且高效的沟通渠道，确保信息流通无阻，而不是陷入命令与反命令的僵局。职能部门经理的角色转变为项目任务的执行者，其工作内容与绩效评估由项目经理主导，但同时他们仍需对所属部门的整体运营及其直接上级负责。这种双重责任的安排有时会让职能经理感到自己的权威受到挑战，担心自己的专业判断与部门利益被边缘化，从而产生抵触情绪，不愿全身心投入项目执行。

面对这一挑战，项目经理应当采取策略，明确界定各自的职责边界，尊重职能部门经理的专业领域与独立性，同时增强其在项目中的参与感与价值感。透明的沟通、共享目标设定及公正的利益分配，可以缓解职能部门经理的担忧，激发其积极性，确保项目能够顺利推进，实现既定目标。这种平衡的艺术要求项目经理具备出色的沟通技巧、敏锐的洞察力及灵活的管理风格，以构建稳固的跨部门合作关系。

三、工程项目中沟通的障碍与管理措施

（一）工程项目沟通障碍

沟通障碍的形成多元而复杂，它们根植于个人的认知差异、语言表达的局限、个体的心理状态及组织环境的结构性挑战。认知障碍源于信息解读的主观性，不同背景和经验的个体对同一信息会有迥异的理解，这种差异受教育水平和个人历史影响。语义表达障碍则在于语言作为沟通媒介的本质局限，它仅是思想的载体而非思想本身，这导致信息在传达过程中的失真。心理障碍，如态度、情感和偏见，进一步扭曲了信息的接收与理解，而个人的兴趣偏好也可能阻碍对特定信息的关注。信息超载同样构成障碍，过多的信息可能导致关键信息被忽略。此外，沟通渠道不当或信息符号的不匹配也会妨碍信息的有效传递。组织结构的层级过多、文化差异及社会环境因素均能影响信息的流畅度和准确性，进而影响整体的沟通效率。

跨越这些沟通障碍，首先我们需培养系统思考的习惯，信息发送者应事先精心准

备，考量沟通对象的特点和沟通场景，以选择最合适的沟通方式。其次，个性化沟通至关重要，我们应依据接收者的心理特点和知识背景调整沟通策略。再次，利用反馈机制能显著提升沟通质量，确保信息准确无误地被接收和理解。第四，积极倾听则要求我们从对方的视角出发，全神贯注地理解信息的内涵。第五，情绪管理也是关键，保持冷静有助于避免误解和过度反应。非言语信息，如肢体语言，往往能深刻影响沟通效果，故需确保其与言语信息一致，以增强沟通的说服力。最后，定期进行组织沟通审查，确保沟通活动与组织目标相契合，而非流于形式，这有助于优化沟通流程，提高组织效能。

（二）工程项目沟通管理措施

为了增进沟通的效率和效果，发送者应当精进其语言沟通技能，通过融合非言语元素如肢体语言和面部表情，使得信息传达更加生动且易于接收。在运用语言时，简洁明了、措辞恰当尤为重要，尤其是在非专业领域沟通时，我们应避免过度使用专业术语，以免造成理解障碍。言行一致对于构建信任氛围不可或缺，它促进信息的真实传递与准确解读，避免偏见干扰信息的原意。

确保信息传递的时效性和精确性，需要平衡正式与非正式沟通渠道的使用，结合书面与口头沟通的优势。组织结构的简化与信息流通路径的拓宽同样重要，其旨在减少层级重叠，加速信息流动。目标一致性是沟通的核心，项目参与者需对共同目标有清晰共识，并将其融入设计、合同和管理文档中。在项目周期内，协调各方利益，确保所有参与方的满意度，同时维持统一的指导原则与政策，是达成目标的关键。

合理设定组织架构，创造和谐的工作氛围，对于有效沟通至关重要。选择适合项目特性的组织模式，既高效又经济，同时强调以人为本，实施人性化管理，鼓励成员自我提升，共同营造积极向上的团队文化。建立反馈机制，促进双向沟通，让发送者能即时获知信息的实际理解和接收情况，确认接收方的理解程度、接受意愿及后续行动，确保沟通闭环的完整性和有效性。

总之，通过提升个人沟通技巧，优化组织结构，确立统一目标，构建反馈体系，以及营造开放和谐的沟通环境，可以显著提升项目内外部的沟通质量，推动项目顺利进行。

第七章

工程项目质量管理

第一节　工程项目质量管理概述

一、建设工程质量

（一）定义与特性

建设工程质量，作为衡量工程项目成功与否的关键指标，涵盖了多方面的特性，确保工程既能够满足业主的特定需求，又符合国家法律法规、技术规范、设计文件及合同条款的要求。其核心特性可归纳为六个方面，每一项都对工程的最终价值有着不可忽视的影响：

适用性：工程应具备满足其预定用途的物理和化学性能，包括尺寸精确、保温隔热、隔音效果及耐腐蚀、防火等特性。结构稳固性和使用功能也是适用性的重要组成部分，确保建筑物或基础设施能够有效服务于居住、生产或交通等目的，同时外观设计需美观协调，提升视觉享受。

耐久性：指的是工程在预期使用条件下维持功能的持续时间，即其合理的使用寿命。不同类型的工程，如民用建筑、公路或城市道路，依据其设计标准和材料，会有不同的耐用年限，民用建筑从 15～100 年以上，而道路工程则根据等级通常设计为 10～20 年。

安全性：保证工程在使用期间结构稳定，不对人员和环境造成威胁。这涉及抗震、防火、防辐射等多重安全标准，确保工程各部分，比如阳台栏杆、电器安全装置，都能保障使用者的人身安全。

可靠性：工程应在既定条件和时间内履行其功能，这意味着工程不仅要通过竣工验收，还需在使用周期内持续有效运行，例如防水、防震、温控系统及工业管道的密封性。

经济性：考虑到工程全生命周期的成本效益，包括规划、设计、施工直至运营维护的总费用。经济性追求的是在初期投资与长期运营成本之间的最佳平衡点，力求实现资源的最优化配置。

与环境的协调性：强调工程与自然环境、经济背景及周边建筑的和谐共生，促进可持续发展。这意味着工程设计和实施应减少对生态的影响，与当地经济环境相融合，并与现有建筑景观相协调。

综上所述，建设工程质量的这六大特性共同构成了一个综合评价体系，指导着工程项目的规划、执行和后期管理，确保每一项工程都能在满足功能性的同时，兼顾经济、安全、环保等多方面的需求。

（二）影响工程质量的因素

在施工管理中，确保工程质量的关键在于有效管理人、材料、机械、方法和环境这五个基本要素：

1. 人员管理

人员是施工活动的主体，包括组织者、指挥者和具体操作者。

加强对人员的政治思想、劳动纪律、职业道德和专业技术的培训。

建立健全岗位责任制，改善劳动条件，提升人员的专业能力和工作积极性。

2. 材料管理

材料是工程建设的物质基础，包括原材料、成品、半成品和构配件。

严格检查验收材料，确保材料的正确合理使用。

建立材料管理台账，对材料的收、发、储、运等环节进行技术管理，防止不合格材料的使用。

3. 机械管理

机械是施工生产的重要手段，包括各种施工机械设备和工具。

根据工艺特点和技术要求，选择合适的机械设备，并确保正确使用、管理和保养。

建立人机固定制度、操作证制度、技术保养制度、安全使用制度和机械设备检查制度，保持机械设备的最佳状态。

4. 方法管理

方法涉及施工方案、施工工艺、施工组织设计和施工技术措施。

合理选择施工方法，确保工艺先进、操作得当，对施工质量产生积极影响。

通过分析、研究和对比，选择能解决施工难题、技术可行、经济合理的方法。

5. 环境管理

环境因素如工程技术环境、管理环境、劳动环境、法律和社会环境对工程质量有重要影响。

加强环境管理，改进作业条件，控制环境因素对工程质量的影响。

通过综合管理这五个要素，我们可以有效地控制工程施工过程，提高工程质量，确保工程项目的成功完成。

二、工程项目质量管理体系

（一）质量管理体系的建立

在建筑企业中建立质量管理体系，通常与项目部所在企业的整体战略紧密相连，旨在确保工程项目从规划到实施再到交付的每一个环节都达到高标准的质量要求。以下是建立质量管理体系的一般步骤：

1. 领导决策

建立质量管理体系的第一步是获得高层领导的全力支持。领导层需深入了解国际和行业标准，认识到建立质量管理体系对提升企业竞争力和客户满意度的长远价值，承诺为实施相关工作提供持续的支持和资源。

2. 组织落实

成立专门的领导小组，通常由企业总经理担任组长，主管质量的副总经理担任副组长，负责指导和监督贯标工作的实施。小组成员应涵盖各职能部门、项目部经理及基层员工代表，确保跨部门的协作和参与。

3. 制订工作计划

制订详细的工作计划，通常分为五个阶段：动员宣传、骨干培训、体系设计、文件编制和体系运行。每个阶段的时间安排根据企业规模和项目复杂度灵活调整，最终目标是通过内部审核和管理评审，确保体系的有效性，为第三方认证做好准备。

4. 组织宣传和培训

通过企业总经理的宣讲，强调质量管理体系的意义，公布领导小组名单，展现领导层的决心。培训分为三个层次：内审员培训、中层干部和领导小组成员的学习、全员培训。培训内容涵盖质量管理标准、技术规范、法规及企业内部的质量管理体系文件。

5. 设计质量管理体系

根据企业自身的业务流程和质量目标，结合相关标准的要求，设计质量管理体系。设计内容包括生产活动过程的确定、质量方针和目标的制定、管理体系要素的识别、组织结构的设置、资源分配、内部审核机制的建立及第三方审核的准备。

通过上述步骤，企业能够建立起一套系统化、标准化的质量管理体系，这不仅能够提升产品质量和服务水平，还能增强客户信任，提高市场竞争力。这一过程需要企业上下一心，持续改进，确保质量管理体系的有效运行和持续优化。

（二）质量管理体系的运行

在完成质量管理体系文件编制后，项目组织将步入质量管理体系的实施运行阶段，这一阶段通常细分为准备、试运行和正式运行三个阶段，旨在确保管理体系的有效性、适用性和持续改进。以下是各阶段的概述：

1. 准备阶段

在此阶段，项目组织完成了质量管理体系的组织结构搭建、关键人员培训及体系文件的编制工作。准备工作还包括对管理体系的全面理解和消化，确保所有相关人员熟悉自己的职责和工作流程，为后续的试运行打下坚实的基础。

2. 试运行阶段

试运行阶段是检验质量管理体系实际运行效果的关键时期，主要活动包括对体系中关键要素的监控，通过实际操作验证程序的执行情况，并与预设的标准进行对比，查找存在的偏差。

针对发现的偏差，项目组织需要深入分析偏差产生的根本原因，基于原因制定具体的纠正措施，并通过正式的文件通知单形式下发，要求在限定的时间内完成现场验证。

此外，项目组织应广泛征求内部各职能部门和不同层级员工对管理体系运行的意见和反馈，基于收集到的信息分析存在的问题，确定改进措施，并及时修订体系文件，以确保其持续的适宜性和有效性。

3. 正式运行阶段

经过试运行阶段的检验和必要的调整，项目组织确信质量管理体系已达到预期的成熟度和稳定性时，便可进入正式运行阶段。

正式运行阶段意味着质量管理体系将全面应用于日常管理活动中，成为项目组织日常运作的一部分。在此阶段，项目组织将持续监控体系的运行情况，定期进行内部审核和管理评审，以确保体系持续符合既定的质量方针和目标，同时不断寻找改进的机会，推动体系的持续优化和升级。

通过这三个阶段的逐步推进，项目组织能够确保质量管理体系从理论到实践的有效转化，实现质量目标，提升项目交付的可靠性和客户满意度。

（三）质量管理体系的认证

质量认证，亦称为合格认证，是一种由独立的第三方认证机构根据既定的程序，对产品、过程或服务是否满足特定标准或规范要求进行评估并出具书面证明的过程。这一制度自20世纪80年代以来在全球范围内得到了广泛的采纳和认可，其核心价值在于增强消费者和社会对产品和服务质量的信任度，同时也为供应商提供了展现其产品质量和管理体系有效性的平台。

对于企业而言，实施质量管理体系并通过第三方认证，不仅能够显著提升自身的市场竞争力，还能促进内部管理的标准化和规范化，从而提高整体运营效率和顾客满意度。当一个企业决定寻求质量管理体系认证时，通常会经历以下步骤：

1. 提交申请

企业首先向所选的认证机构提交认证申请，随附必要的文件资料，如质量手册和程序文件等，以展示其质量管理系统的框架和操作流程。

2. 初步审核

认证机构接收申请后，会对提交的文件进行初步的书面审核，评估其是否符合认证的基本要求。如有不符合项，企业需根据反馈进行相应的修正。

3. 现场审核

通过书面审核后，认证机构会派遣审核团队到企业现场，进行详细的体系审核，这包括召开启动会议，明确审核的目的、范围和方法。审核员会检查企业的实际操作是否与提交的文件相符，以及质量管理体系的实施效果。

4. 认证决定

基于现场审核的结果，认证机构会做出是否授予认证的决定。如果企业满足认证标准，将被颁发质量管理体系认证证书，并允许在一定条件下使用认证标志。

5. 持续监督与维护

获得认证的企业需定期进行内部审核，保持质量管理体系的有效性，同时接受认证机构的定期监督审核，以确认其持续符合认证要求。认证有效期一般为三年，期间企业需维护其质量管理体系，确保其持续改进和适应性。

通过这一系列过程，企业不仅能获得国际或行业认可的质量管理体系认证，还能借此机会不断优化内部流程，提高产品质量，最终达到提升品牌形象和市场地位的目标。

三、工程质量事故处理

（一）工程质量事故的特点

工程质量事故呈现出一种多维度的复杂态势，具体表现为复杂性、严重性、可变性和多发性，这些特性共同构成了工程领域中不容忽视的风险矩阵。

复杂性体现在质量问题的根源往往错综复杂，涉及地质条件、设计计算、材料选用、施工工艺等多个层面，这使得问题的识别、分析与解决变得尤为棘手。例如，一栋建筑的结构安全可能受到地质勘察疏忽、地基承载力评估错误、结构设计缺陷、建材质量低下等多种因素的影响，每一种情况都需要专业而细致的排查与处理。

严重性则关乎工程质量事故带来的后果，从轻微的施工延误、成本增加，到重大安全隐患乃至人员伤亡，其影响范围广泛且深远。严重的工程质量事故不仅会给直接相关方造成经济损失，还会动摇公众对整个建筑行业的信任，形成社会不稳定因素，因此我们必须给予最高度的重视和严谨的管理。

可变性是指工程质量问题随时间推移可能发生演变，原本看似较小的问题可能会逐渐恶化，导致更为严重的后果。比如，桥梁基础的沉降可能会随着荷载的累积而加剧，混凝土裂缝可能受温湿度变化而扩展，这些问题若未能及时控制，极有可能演变为灾难性的事故。因此，监测与预防措施的实施显得尤为重要。

多发性指的是某些类型的工程质量问题频繁出现，如同"顽疾"般困扰着建设项目，如防水失效、表面装饰层脱落、地面瑕疵、管道故障等。此外，还有些特定类型的质量事故反复发生，比如悬挑构件的断裂、混凝土强度不足等，这些问题需要通过总结经验、吸取教训来制定预防策略，避免未来的项目再次陷入同样的困境。

鉴于上述特点，工程质量管理和控制是一项系统性工程，我们需要从前期规划、设计、材料采购、施工监管到后期维护等各个环节入手，构建全面的质量保障体系，以减少事故的发生，确保工程项目的长期安全与可靠性。

（二）工程质量事故处理方案的确定

1. 处理方案的基本要求

在处理工程质量事故时，我们应当遵循以下八大基本原则，以确保修复工作的有效性与安全性：

第一是确保处理措施安全可靠，彻底消除潜在隐患，满足工程的生产与使用需求，同时保证施工的便捷性与经济合理性；第二，准确判断事故性质，着力于根除事故成因，此乃防止事故再次发生的根本策略；第三，注重综合治理，避免在解决旧有事故的过程中诱发新问题，强调多种处理方法的综合运用；第四，明确界定处理范围，不仅限于事故直接发生点，我们还需全面审视事故对周边乃至整体结构的影响，以此为依据精确划定处理界限；第五，妥善抉择处理时机与方法，虽然多数质量问题需及时响应，但诸如裂缝、沉降或变形等不稳定状况不宜过早干预，以免事倍功半，处理方案应基于问题特性，全面权衡安全、技术、经济与施工便利，通过综合分析选定最优解；第六，强化事故处理过程中的检查验收程序，从施工前期准备直至项目收尾，我们均须严格遵循相关规范及设计质量标准进行监督检验；第七，在处理事故时，我们务必仔细核对实际情况，一旦发现与调查报告记载有重大出入，立即停工，直至查明真相并采取恰当措施后方可复工；最后，高度重视事故处理期间的安全管理，鉴于事故现场潜在的多重风险，我们必须预先制定周密的安全技术措施与防护方案，并严格执行，确保施工全过程安全无虞。

2. 处理方案的类型

面对工程质量事故，处理方案的选择需基于事故的具体情况和影响程度，常见的处理策略包括不做处理、修补处理及返工处理，每种方案都有其适用场景和考量要点：

（1）不做处理：

当工程质量事故虽存在，但经专业分析、论证及法定检测单位的鉴定，确认对结构安全和使用功能影响微乎其微，或可通过后续施工环节得以弥补时，我们可考虑不做专门处理。此类情况适用于那些对整体工程质量和安全无实质性损害的局部问题。

具体情形包括问题不影响结构安全和正常使用；某些缺陷能被后续工序遮盖或弥补；经权威机构鉴定认为无须处理；虽未满足设计要求，但原设计单位核算后确认不影响结构安全和使用功能。

（2）修补处理：

这是最常见的处理方式，适用于工程中检验批、分项或分部的质量虽未完全达标，但通过修补或替换部件、设备等措施后，可达到设计要求，且不影响使用功能和外观。

例如，结构混凝土表面出现裂缝，如果裂缝对结构受力影响不大，我们可以通过表面封闭或填充处理，防止水分渗透，保护结构免受进一步损伤。

（3）返工处理：

当工程质量严重偏离标准，对结构安全构成重大威胁，且无法通过修补或其他补救措施解决时，我们应考虑返工处理。返工可能涉及检验批、分项、分部乃至整个工程的重建。

特别是对于那些存在重大质量缺陷，且修补成本可能高于新建成本的工程，进行全面返工可能是更经济、更安全的选择，以确保最终工程的质量和安全。

选择何种处理方案，我们应综合考量事故的性质、影响范围、处理成本与收益及对工程进度的影响，确保处理措施既科学合理，又经济可行，同时满足结构安全和使用功能的要求。

第二节　混凝土施工质量管理与控制

一、大体积混凝土的施工裂缝控制

（一）大体积混凝土结构裂缝的种类

混凝土是一种由水泥浆、细骨料（如砂子）和粗骨料（如石子）组成的复合型建筑材料，具有较高的抗压强度，但在受拉或受弯时表现出脆性特征。其内部的裂缝现象分为微观和宏观两个层次，这些裂缝的存在和演化对混凝土的性能有着重要影响。

微观裂缝，通常宽度小于 0.05 毫米，肉眼难以直接辨认。这类裂缝主要包括三种类型：

1. 骨料裂缝，这种类型的裂缝较为罕见。
2. 水泥石裂缝，这是混凝土中最常见的裂缝形式之一。
3. 黏结裂缝，发生在骨料与水泥石界面附近，也是常见类型之一。

由于这些微观裂缝在混凝土中不规则分布，即使存在，混凝土仍能保持一定的抗拉能力。这是因为水泥浆体与骨料之间的相互作用形成了一个复杂的受力系统，不同部位的应力应变关系并不一致。在微观裂缝出现后，混凝土的应力应变曲线从线性转变为非线性，反映了材料内部的复杂力学行为。

宏观裂缝则指宽度大于等于 0.05 毫米的裂缝，肉眼可见，往往是微观裂缝扩展的结果。在加载条件下，混凝土的微观裂缝行为可以概括为三个阶段：

当加载水平低于其强度极限的 30% 时，微观裂缝基本稳定，变化不大。

当加载达到强度极限的 30% ~ 70%，微观裂缝开始逐渐增加并扩大。

当加载超过强度极限的 70%，直至达到或接近 100%，微观裂缝加速增长，相互连接，最终导致混凝土构件的破坏。

这一过程揭示了混凝土在承载过程中裂缝演化的规律，也解释了为何混凝土在达到一定载荷后会突然失去承载能力，因为此时裂缝已经发展到足以破坏混凝土结构的整体性。

（二）混凝土结构裂缝的限制与修补

混凝土结构在施工期间或完成后可能会因各种复杂因素出现裂缝，这些裂缝不仅影响结构的美观，更重要的是它们可能削弱结构的安全性和耐久性。为了确保混凝土构件的完整性和延长其使用寿命，我们必须采取有效措施对裂缝进行修复。修复工作应基于裂缝的成因分析和工程具体需求，选择适当的修复方法，以防止裂缝进一步恶化，特别是对于高标准的工程项目，裂缝修复尤为重要。

在施工过程中发现裂缝时，我们通常会通过调整钢筋布置来增强受影响区域，同时加强混凝土的保温和养护措施。而对于既有结构中的裂缝，修复方案应综合考虑建筑物的重要性、构件类型、裂缝位置、成因、特性及其受力状态，科学选择修复材料和方法。

常见的裂缝修复技术包括：

1. 表面修补法

适用于不影响结构承载力的表层裂缝、大面积裂缝及需要防水防渗的修补。常用方法有表面涂抹水泥砂浆、环氧胶泥覆盖或贴补片等。

2. 内部修补法

针对影响结构承载力的深层裂缝及防水防渗需求，最有效的方法是灌浆技术。通过压力设备将浆液注入混凝土内部，填充裂缝，待浆液固化后，恢复结构的完整性。灌浆法分为水泥灌浆和化学灌浆两种。

3. 结构加固法

用于提高结构承载力，控制裂缝发展或封闭裂缝，如采用钢筋加固、粘钢、植筋等技术。

当大体积混凝土出现裂缝，导致结构强度下降，影响整体稳定性时，除了裂缝修复，我们还需要进行结构加固。常用的加固措施包括施加预应力、增加支撑构件、锚杆锚固等，以确保结构安全并恢复其设计功能。

综上所述，裂缝的修复与结构加固是混凝土工程中不可或缺的环节，合理选择修复方法和技术，可以有效保障混凝土结构的长期稳定性和安全性。

（三）提高大体积混凝土施工质量的措施

为了有效控制大体积混凝土结构的裂缝形成，确保工程质量，我们可以采取以下综合性措施：

1. 合理分层浇筑。当混凝土构件尺寸超出常规，一次性浇筑会导致内部温度梯度过大，从而产生温度裂缝。因此，在施工前我们应与设计单位协商，我们采取科学的分层浇筑策略，即纵向分层浇筑，并通过设置"后浇带"来实现分段浇筑，减少温度应力集中。具体的浇筑方法可选全面分层、斜面分层或分段分层浇筑。

2. 实施二次振捣技术。在混凝土初凝前进行二次振捣，可以有效消除内部气泡，提高混凝土与钢筋之间的黏结力，增加混凝土的抗压强度10%～20%，从而显著提升其抗裂性能。最佳二次振捣时机需根据混凝土坍落度、外加剂类型、水泥品种等因素确定，应在实际施工前通过试验验证，同时考虑施工进度安排，确保操作的灵活性和质量可控性。

3. 优化混凝土拌制工艺。采用先进的搅拌技术，不仅可以有效避免水分在界面处聚集，还能使得硬化后的混凝土结构更为密实，组分间结合更紧密，强度提升约10%，增强了混凝土的抗压能力。研究显示，适当减少7%的水泥用量，有助于降低水化热，从而减少温差引起的裂缝风险。

4. 控制混凝土出机与浇筑温度调控出机温度：骨料（如石子）和水的温度对混凝土出机温度有显著影响。降低石子温度是最有效的手段，高温施工时，可在砂石堆放区遮阳，必要时，使用冷水冲洗砂石。

管理浇筑温度：减少混凝土在输送过程中的温升，缩小构件内外温差。夏季施工时，我们采用高倾角直送方式减少混凝土暴露面，加快冷却水喷洒频率。冬季施工，我们保持构件厚度约1米，利用保温措施控制温差。

以上措施综合应用，可以有效控制混凝土结构的温度变化，减少温度裂缝的发生，确保大体积混凝土结构的完整性和耐久性。

二、剪力墙混凝土施工质量管理

（一）剪力墙混凝土施工流程分析

混凝土施工操作的质量控制是一个系统性过程，涵盖了施工前、施工中和施工后的三个关键阶段，旨在确保混凝土结构的质量和耐久性。以下是各阶段的控制要点及易出现问题的分析：

1. 事前控制

施工准备阶段，重点在于技术交底和培训，确保施工人员熟悉图纸、施工方案和操作细节，避免因工人流动性大而导致的信息断层。同时，建立定期考核机制，保证施工人员对施工要求的持续理解。

验收环节，我们需严格执行质量验收标准，对施工过程中的装配和材料选择进行检查，确保符合规范要求。项目部应建立严格的三级检查制度，强化工序管理，加强隐蔽工程的检测与记录。

混凝土申请和运输的管理，要求施工管理人员提前与供应商协调，确保混凝土按时、按量送达现场，尤其是大方量浇筑时，需保障供应的连续性，避免施工中断。

2. 事中控制

浇筑过程中，我们必须严格遵守施工方案和工艺标准，注意浇筑顺序，确保不同部位使用正确的混凝土型号。在连续作业环境下，我们应合理安排施工人员轮换，防止因疲劳操作导致质量下降。

施工部署应明确浇筑顺序、部位和时间，对于大方量浇筑，需提前准备充足的人力资源，实行两班轮换施工，确保浇筑连续性。

3. 事后控制

混凝土养护是确保强度增长的关键，我们需安排专人进行定期养护，特别是在高温条件下，应增加养护频率，防止混凝土早期干燥。

对于出现的质量缺陷，我们应及时分析原因，采取科学合理的修复措施，避免随意修补造成更大的隐患。修复过程中，我们应考虑强度补偿，确保修复部位的强度不低于原结构。

通过这三个阶段的精细化管理，我们可以有效控制混凝土施工过程中的质量风险，确保最终结构的安全性和耐久性。

（二）质量管理措施

在提升剪力墙混凝土施工质量的过程中，采用 PDCA（Plan – Do – Check – Act）循环管理方法是一个有效策略。以下是我们对剪力墙混凝土施工质量改进过程的细化说明：

1. 计划阶段（Plan）

成立 QC 小组，专注于剪力墙混凝土施工质量的提升，确立明确的目标，即提高剪力墙混凝土质量检查合格率至 95%。

通过因素分析，确定楼层错台和模板接口不平整为主要的质量控制点，小组成员从人、材料、机械、方法和环境等方面进行综合分析，识别关键影响因素。

2. 实施阶段（Do）

针对人的因素，改进措施包括完善项目管理制度，提升操作工人的责任心和质量意识。

检验因素的改进，包括精准弹出墙体轴线、边线及控制线，以辅助自检和核查。

装配因素的改进，涉及依据图纸尺寸进行模板翻样、切割、预拼装，外墙模板预拼组合后整拼整拆，采用大模板工艺，利用塔吊进行整体提升。

3. 检查阶段（Check）

通过过程能力分析和评价，监控工程过程运行状况，确定改进方向，评估改进成果，以减少和抑制过程中的波动。

收集和整理质量信息数据，进行统计分析，验证实施措施后项目是否达到预定目标。

4. 行动阶段（Act）

基于检查阶段的分析结果，采取必要的调整措施，巩固改进成果，形成标准化作业流程，预防同类问题再次发生。

将有效的改进措施制度化，纳入项目管理规程，持续监控质量表现，确保长期质量稳定。

通过 PDCA 循环的持续迭代，我们可以系统性地改进剪力墙混凝土施工质量，确保项目达到优质结构主体的目标，同时提升项目整体管理水平。

（三）施工质量管理保证体系

施工质量管理保证体系是企业内部的一种系统的技术和管理手段，是指企业为生产出符合合同要求的产品，满足质量监督和认证工作的要求，建立的必需的、全部的、有计划的、系统的企业活动，一般包括成立项目部的质量管理机构、明确质量管理职责、建立健全质量管理制度等措施。

三、寒冷地区冬季混凝土施工质量控制

（一）冬季施工要求

在混凝土冬季施工中，确保混凝土的质量和强度是至关重要的，这需要采用特殊的养护方法、材料处理和施工技术。以下是冬季混凝土施工的关键要求和措施：

1. 养护方法与保温措施

使用合理的养护方法，包括掺入适宜的外加剂，如早强剂、防冻剂等，以促进混凝土在低温下的硬化。

上部覆盖保温材料，如聚氯乙烯薄膜保湿，棉毡和草袋保温，以减少热量散失。

搭设挡风墙，使用钢管脚手架和篷布，在基坑或基槽主风向设置，以减少冷风对混凝土的影响。挡风墙与基坑之间应留有足够的空间，确保空气流通，同时围护结构需严密不透风，牢固可靠。

2. 材料预处理

水泥在使用前应存放在暖棚内，避免受潮。

混凝土组成材料的加热温度应根据所需最终混凝土拌和物温度计算确定，混凝土温度控制在 35 ℃以内。

冬季施工用砂应无直径大于 1 cm 的冻块，禁止使用冻灰膏和冻灰浆。

优先考虑加热水，当水加热不足以达到所需温度时，我们可考虑加热砂石。拌和水加热不超过 80 ℃，骨料加热不超过 60 ℃。

使用硅酸盐水泥或普通硅酸盐水泥，水灰比控制在 0.6 以下，适用于蓄热法和综合蓄热法施工的混凝土。

3. 搅拌、运输、浇筑与养护

搅拌时先混合砂石和水，再加入水泥，避免水泥与热水直接接触导致假凝。

严寒季节中，运输机具需适当保温，减少运输距离和装卸次数，以减少热量损失。

浇筑时快速作业，快速覆盖，缩小工作面，以减少热损失。

确保混凝土在受冻前至少在正常温度下养护 5 天以上，以确保其充分硬化。

通过上述措施，我们可以有效控制混凝土在冬季施工中的质量，确保混凝土结构的强度和耐久性。

（二）质量控制措施

冬季施工中，确保混凝土质量的关键在于合理的配合比设计、恰当的施工措施及有效的养护方法。以下是冬季混凝土施工的详细指南：

1. 抗冻混凝土配合比设计

考虑到混凝土施工工艺和养护条件，设计配合比时我们应综合考虑气温、工程特点及水泥的早期强度、水化热和抗冻性能。

优先选择标号 425 以上的硅酸盐水泥或早强型普通硅酸盐水泥，条件允许时使用快硬水泥，以加快强度增长。

控制混凝土的含水量，减少因水结冰导致的冻害。

合理使用外加剂，如防冻剂，改善混凝土性能，严格控制外加剂用量，避免过量使用导致质量问题。

2. 施工措施

水泥应储存在暖棚内，使用时保持温度在 5 ℃以上，避免直接加热。

砂石堆场应保持良好排水，表面覆盖帆布，防止冰雪冻块形成。

加热骨料以去除冰雪，优先考虑加热水，因其能更高效地提高混凝土温度，水温不宜超过 80 ℃，以防水泥假凝。

调整投料顺序，先用水与骨料预拌，再加入水泥，避免水泥与高温水直接接触。

清除模板和钢筋上的冰雪，避免使用蒸汽直接融化冰雪，以防重新冻结。

裸露混凝土表面立即覆盖塑料薄膜，防止水分蒸发，避免保温材料吸水。

在冻胀性地基上浇筑混凝土前，我们应加热并保温地基土，不在冻结地基上施工。

3. 冬季养护措施

正温养护：通过加热原材料、保温搅拌站和运输工具，混凝土浇筑后保持正温度，结构周围使用保温材料，促进硬化。

负温养护：适用于日平均气温不低于 0 ℃或极端气温不低于 − 16 ℃的环境，通过加热原材料、使用防冻剂，适用于对强度增长速度要求不高的构件。

综合养护：在混凝土中掺入少量防冻剂，加热原材料，保温搅拌和运输过程，确保浇筑后混凝土温度达到 10 ℃以上，小尺寸构件温度需更高，通过蓄热保温或人工加热，确保混凝土在正温下硬化一段时间，再逐渐适应环境温度。

通过上述措施，冬季混凝土施工可以克服低温带来的挑战，确保混凝土质量，顺利完成施工任务。

（三）受冻混凝土的处理

当混凝土在硬化过程中遭遇低温环境，尤其是冻结，其结构和性能会受到不利影响。评估和处理受冻混凝土需要细致的检查和专业的判断。以下是处理受冻混凝土的一些步骤和方法：

1. 表面或局部受冻混凝土

使用回弹仪测试混凝土的硬度，或通过人工敲凿来识别受冻区域。

对于有抗渗要求的混凝土，建议去除受冻层，并在清洁后的表面上涂抹一层环氧树脂，随后浇筑新的混凝土进行加固。

2. 掺有外加剂的混凝土

如果混凝土因养护不当而受冻，我们可以采取适当的养护措施，比如使用保温材料覆盖或加热。

当气温回升后，混凝土的强度可能得到一定程度的恢复，但我们仍需进行进一步检测确保满足设计要求。

3. 受冻面积较大的混凝土

需要进行广泛的修复工作，这可能包括彻底凿除受冻区域并重新浇筑混凝土。

在进行修补前，我们应确保所有受冻部分已被完全移除，避免未来出现结构问题。

4. 全冻混凝土的处理

这种情况通常发生在薄壁结构或截面较小的构件上，这些结构可能无法承受冰冻带来的内部压力。

如果混凝土的最终强度低于设计强度的 50%，则结构可能不安全，必须拆除并重建。

若混凝土强度能恢复到设计值的 80%，我们则可以考虑实施加固方案，如增加支撑结构或使用碳纤维增强聚合物进行补强。

在任何情况下，处理受冻混凝土都需要遵循严格的工程标准和安全规程，确保修复后的结构能够满足预期的承载能力和耐久性要求。

第三节　建筑防水工程施工质量控制

一、防水工程材料质量控制

（一）抽样检验

在防水工程中，确保材料质量至关重要。材料进入施工现场前，必须经过监理工程师的检验和认可，以确保它们符合工程项目的质量要求。这一过程遵循两个基本原则：质量标准原则和抽样检验原则。

1. 质量标准原则

这一原则的依据是工程规范、标准和工程合同。工程合同通常会对防水工程材料的质量标准做出具体规定。如果合同中没有具体规定，我们则需要根据项目的整体质量目标和相应的技术规范来确定。材料质量标准是衡量材料质量的尺度，也是验收和检验材料质量的基础。

2. 抽样检验原则

在材料进入施工现场之前，生产单位的质量工程师应通过检验手段确保材料的质量可靠性，满足工程项目的质量要求。材料进场时，我们需要进行材料报审和按规定抽样送检。在施工过程中，监理工程师还应根据实际情况加强抽查，对疑似存在质量问题的材料进行进一步检验评定，防止不合格材料被使用。

3. 常见的检验方法

包括资料检查，即检查相关的技术文件和质量保证资料；外观检查，对样品的品种、规格、标记、外形和几何尺寸进行直观检查；理化检验，利用科学仪器或委托专业单位对样品的化学成分、机械性能等进行客观检查；无损检验，在不破坏样品的前提下，使用科学仪器（如超声波、X 射线、表面探伤等）进行检验。样品的取样必须具有代表性，即样品的质量应能代表整批材料的质量。在取样时，我们应按照规定的部位、数量和操作要求进行，确保不同材料的检验项目和标准一致，为后续工作提供准确依据。

（二）供应商质量控制策略

建立一个全面的供应商评价体系是确保供应链效率和质量的关键。这个体系应该包括以下几个方面：

1. 供应商阶段性评价体系

这个体系应分为几个阶段，包括供应商的进入评价、运行评价、问题辅导、改进评价及战略伙伴关系评价。评价过程应该是连续的，允许对供应商进行累积性的评价。在进入评价阶段，我们需要对供应商的管理体系、资源管理、产品实现等七个关键方面进行现场评审和综合分析评分。评价结果分为5个分数段，80分以上为合格，50分以下为不合格，79~50分为需要进一步讨论的持续考核供应商。评价体系的特点是流程透明化和操作公开化，评价指标尽可能量化，以减少主观因素。

2. 供应商运行评价体系

通常采用日常业绩跟踪和阶段性评比的方法。使用QSTP加权标准，即供货质量（35%）、供货服务（25%）、技术考核（10%）、价格（30%）的评分比重，根据业绩跟踪记录，按季度对供应商的业绩进行综合考核。

3. 网络化管理

网络化管理是指将不同的信息点连接成网的管理方法。新供应商的认证应由公司级的质量部门和采购中心负责，而产品相关的差异性需求则由各事业部的质量部和研发部提出。建立评审小组来控制和实施供应商评价，小组成员包括采购中心、公司质量部、事业部的供应商管理工程师等，评审小组独立于单个事业部，以公司整体利益为出发点。

4. 供应商选择的原则

包括全面、具体、客观原则，系统全面性原则，简明科学性原则，稳定可比性原则，灵活可操作性原则，门当户对原则，半数比例原则，供应源数量控制原则，供应链战略原则，以及学习更新原则。这些原则确保了供应商评价和选择的全面性、透明性、稳定性和灵活性，同时也强调了与供应商建立长期战略合作关系的重要性。

通过这样的评价体系和原则，我们可以有效地管理和优化供应商关系，提高供应链的整体性能和响应能力。

二、防水工程施工关键过程质量控制

（一）防水施工方案质量控制

对于防水工程施工方案的控制，应包含其在整个施工过程内所采取的技术方案、组织措施、施工部署、工艺流程、检测手段等的控制。施工方案的合理性，直接影响整个防水工程的投资控制、质量控制和进度控制。因此，在编制施工方案时，我们应从组织、管理、技术、工艺、经济等方面全面分析、综合考虑，并充分结合工程实际，确保防水施工方案的可行性和经济合理性。

（二）防水施工工序质量控制

工序质量控制的核心在于运用数理统计方法，通过对防水工程中收集的产品性能特征数据的统计分析，确保施工过程中的质量稳定与正常。这一过程涉及严格遵循技术标准、主动控制工序条件、设置控制点、及时检验工序效果，以及对关键工序的特别关注。以下是工序质量控制的细化内容与步骤：

1. 控制内容

遵守标准与规范：防水施工应严格依从既定的技术标准和操作规程，这是保障工序质量的基础。

工序条件控制：监控并管理工序活动条件，确保投入品质量，防止系统性因素导致的质量波动。

控制点设定：识别并监控关键环节或潜在薄弱点，保持工序质量的可控状态。

效果质量检验：定期检验工序成果，统计分析质量数据，确保符合现行规范与标准。

2. 控制步骤

实测：抽取样本进行质量检测，整理数据，利用图表展示主要特征。

分析：解析数据趋势，识别模式。

判断：基于数据分析，判断工序质量状态，确认是否达标。

处理：针对发现的问题制定解决方案，预防措施，确保质量控制目标达成。

3. 质量控制点设置

根据工程重要性和质量特性对整体工程的影响来确定控制点，全面分析潜在质量问题和风险因素，提出预防策略。

4. 工序质量检验

检查操作质量及产品，比对技术标准，评判合格性。

内容包括标准具体化、度量、比较、判定、处理及记录，确保质量检验的客观性和准确性。

5. 工序质量预控

分析可能的质量问题，提前采取措施预防，消除潜在质量隐患，确保防水工程品质达到预定目标。

这一系列的控制措施旨在通过预防、检测和纠正，持续优化防水工程的施工质量，减少质量问题的发生，提升工程的整体质量和可靠性。

三、防水工程渗漏质量通病的处理

（一）混凝土结构渗漏处理

混凝土结构渗漏问题的处理通常有两种主要方法：复合防水和结构自防水。复合防水通过结合不同性能的防水材料，利用它们的特性，实现"刚柔结合、多道设防、综合治理"，以提升整体防水性能。结构自防水则通过提高混凝土本身的抗渗性，例如通过掺入防水剂等化学外加剂，在混凝土内部生成不溶性晶体，堵塞渗水通道，显著增强抗渗性能。

此外，提高混凝土抗渗性的其他措施包括严格控制骨料的级配，以减少孔隙率；减小水灰比，降低硬化后的孔隙；选择合适的水泥品种，以提高混凝土的密实度和抗渗性；保证施工质量，确保振捣、浇筑、养护等环节的规范性；以及提供适当的养护条件，促进混凝土充分水化，提高密实度。

通过这些综合措施，我们可以有效防治混凝土结构的渗漏问题，改善建筑物的防水性能，确保结构的耐久性和安全性。

（二）地下室背水面防水做法

1. 方案的确定

在混凝土结构的防水处理中，柔性防水材料的使用效果会因迎水面和背水面的工作状态不同而有所差异。当柔性防水材料应用于迎水面时，其不透水性成为关键指标，而抗拉强度、黏结强度和延伸率的重要性相对较低。特别是在底板防水的情况下，黏结强度和水压力大小对防水效果的影响并不显著。

然而，当柔性防水材料用于室内作为背水面防水时，黏结强度和抗拉强度变得尤为关键。黏结强度越高，越能有效防止材料起鼓；抗拉强度越大，越能承受因起鼓而产生的拉力。这两者的大小会受到静水压力的影响，静水压力越大，对防水材料的性能要求也越高。

在地下室背水面的防水处理中，我们无论是使用卷材还是涂料，都难以实现与基层的牢固黏结。卷材的黏结面积通常只有 70%～80%，剩余 20%～30% 的区域可能存在空隙，这为水的渗透提供了途径。水压的增加会导致鼓泡现象更加严重，影响防水效果。为了防止鼓泡，我们可以在底板上使用 15～20 cm 厚的钢筋混凝土层来压实防水层。

由于卷材或涂膜在水浸泡后黏结强度会大幅降低，难以抵抗渗水压力，因此在地下室内防水时，使用卷材和涂料的可靠性较低。鉴于此，我们建议在地下室背水面防水层采用高性能的聚合物改性水泥防水砂浆，以提高防水层的黏结强度和整体性能，确保防水效果的可靠性和耐久性。

2. 具体做法

在进行防水或修补工程时，基层处理、砂浆配制及施工作业是三个至关重要的步骤，每个步骤都直接影响到最终施工质量。以下是这些步骤的详细描述，确保了施工过程的专业性和有效性：

（1）基层处理

施工前，确保基层表面的状态良好至关重要。基层应当是坚实、清洁、无油污和污染物的。任何老化、开裂、疏松的部分及严重油污污染的区域必须彻底清除至露出清洁坚固的基面，以确保结构的完整性和后续材料的黏结力。灰尘的存在会显著降低砂浆与基层之间的黏合能力，因此，使用高压水枪彻底冲洗基面，清除所有残留物和灰尘，是必不可少的准备步骤。

（2）砂浆配制

砂浆的配制需要精确控制，以确保混合物的性能。按照先液体后粉料的顺序，将粉料缓缓加入液料中，同时持续搅拌。粉料和胶料的比例必须严格遵循制造商的推荐比例，以保证砂浆的物理和化学性质。每次搅拌的砂浆量应根据施工进度合理安排，避免过多造成浪费。拌好的砂浆应在 45 分钟内使用完毕，一旦砂浆开始凝固变硬，我们不可再次加水搅拌使用，正确的做法是将其废弃，以避免影响施工质量和结构的稳定性。

（3）施工作业

砂浆抹面作业需采用特定的手法，操作者应快速且均匀地用力压抹砂浆，一般推荐朝同一方向抹压，以确保砂浆层的平整和密实。抹面动作应一次成型，即一次性抹平并立即压光，不同于传统砂浆的二次压光。聚合物砂浆的施工适宜在5℃～30℃的环境温度下进行，极端恶劣的天气条件下我们应避免施工，以免影响砂浆的固化过程和最终性能。

通过上述步骤的精心执行，我们可以确保防水或修补工程的质量和耐用性，为建筑结构提供长期可靠的保护。

（三）厨厕间渗漏水处理

第一，在结构施工阶段，确保沉箱混凝土浇筑的密实性和无空隙是至关重要的。为此，我们不应使用钢丝固定沉箱侧模，而应采用成型模具来浇筑混凝土。同时，在浇筑过程中，我们要特别注意保护预埋的给排水管，避免其被破坏。建议在浇筑前对管道进行加压，并在浇筑过程中监控压力表，一旦发现压力下降，我们应立即修复或更换预埋管道。

第二，所有穿过厨厕间地面和楼面的立管和套管必须固定牢固，管周围的缝隙应用细石混凝土填实。对于需要埋入墙身的管道，我们应在防水层施工前完成开槽、埋管、修复批荡层和试压等工序。

第三，针对立面、阴阳角、排水管根部、地漏、排水口、立管周围、混凝土接口及裂纹等易渗漏部位，我们在刷防水涂料时应使用玻璃丝布加强1～2层，作为附加层，以增强防水效果。

第四，安装洁具时，我们需特别注意浴缸底部和固定马桶的膨胀螺栓。浴缸底部通常不贴地砖，如果水进入底部，可能会积聚形成渗漏。因此，在安装浴缸时，我们应适当提高底部完成面标高，防止水分积聚。对于固定马桶的膨胀螺栓，如果打入深度控制不当，可能会破坏防水层，导致漏水。施工时我们应小心控制螺栓深度，并在安装后用防水材料封闭螺栓孔。

最后，我们应严格按照要求涂刷防水剂。聚氨酯防水涂膜的施工工艺流程包括基层清理、涂刷底胶、细部附加层施工、连续三层涂膜施工及撒中粗砂。这一流程确保了防水层的均匀性和完整性，从而提高了整体的防水性能。

第四节　建筑保温节能质量管理

一、外墙外保温施工质量管理与控制

（一）组成材料性能对质量的影响

外墙外保温系统作为一种有效的节能构造，由多种功能材料复合而成，旨在提升建筑的热工性能和能效。该系统的性能不仅依赖单个材料的特性，还在于各层材料间的匹配性和相容性。系统中任一环节出现问题，都会对整体的抗裂性、防水性、结构安全性和使用寿命产生负面影响。

第一，黏结砂浆与聚苯板的结合力至关重要。若黏结力不足，特别是在耐水、耐冻融和耐高温方面不达标，会导致保温板固定不稳，无法适应基层的微小变形，最终可能引起系统的剥离。

第二，抹面砂浆对聚苯板的附着力同样关键。如果抹面砂浆的性能不佳，在外界条件变化下，可能会导致护面层出现裂纹，进而引发渗水、鼓包乃至脱落等严重后果。

第三，未经充分陈化的保温板或存在内部应力的板材，在安装后可能因后续的变形而引发墙面起鼓、翘曲、开裂，甚至加速黏结失效，导致保温层脱落。

第四，保温板的切割精度和厚度对安装质量和系统整体性能有直接影响。尺寸偏差过大的保温板会影响安装平整度和接缝的密封性，而过薄的板材则会削弱系统的抗变形能力和承重能力。

第五，耐碱玻纤网格布作为增强材料，其性能不佳将削弱护面层的机械强度和耐久性，导致墙面在温差作用下迅速开裂。

最后，锚固件的品质决定着其能否有效增强系统的结构稳定性和抗拉强度。不合格的锚固件不仅难以牢固锚定，也无法提供预期的辅助增强效果，使系统的安全性大打折扣。

鉴于外墙外保温系统中各组成部分的相互依存性和重要性，控制材料质量成为确保系统性能的关键。为此，我们建议采取以下措施：

要求供应商提供全面的检测报告，包括耐候性和抗风压测试结果，以及官方的备案证明。

生产企业应实施严格的质量控制，确保每批次产品均附带合格证书。

施工现场应实行材料抽检制度，对不符合标准的材料坚决清除。

工程质量监督人员应依据施工经验，对保温系统的施工质量进行动态评估。

通过这些综合措施，我们可以有效保障外墙外保温系统的施工质量，确保建筑物的节能效果和结构安全。

（二）外墙外保温质量控制要点

在进行外墙外保温系统的施工之前，确保所有前置工作和检查事项的完成是至关重要的。这包括完成所有相关设施的安装，如进户管线、空调管孔、落水管、空调支架等，同时预留足够的空间以适应保温系统的厚度。此外，墙体上的孔洞、脚手架眼等必须妥善封堵，门窗及其辅框也应安装到位。对墙体表面进行平整度检查，确保基层坚固、平整且清洁，任何空鼓或疏松区域需修补至与墙体牢固连接。门窗洞口的尺寸和位置必须符合设计要求。

保温材料的施工应严格遵循设计规范，确保保温板的厚度准确无误。粘贴保温板时可采用满粘、点粘或条粘法，但需保证粘贴面积不低于规定比例（如聚苯板的40%）。胶黏剂的涂抹厚度应在 10 mm 以上，压实后的厚度应控制在 3~5 mm。及时清理板缝和侧面的多余胶黏剂。聚氨酯泡沫喷涂时，环境温度应控制在 10~40℃，低温条件下需采取保温措施，喷涂后需等待至少 2~3 天的熟化期。窗台处的保温处理需遵循设计要求，设置角钢护边，确保窗台内高外低，高差不小于 10 mm。

锚固件的布置需依据饰面类型、保温材料种类及结构位置，合理确定数量和位置。涂料饰面的墙面，EPS 板在 20 米以上高度需辅以锚固螺栓，密度不小于每平方米 3 个；XPS 板则从首层起采用粘锚结合，密度不小于每平方米 4 个，尤其在转角和门窗洞口附近加密处理。面砖饰面的墙面，不论何种保温材料，从首层开始采用粘锚结合，锚固螺栓位于玻璃纤维网外侧，密度不小于每平方米 6 个，近阳角处适当加密。锚固件的深度和拉拔力需符合设计要求，后置螺栓需进行现场拉拔力试验，确保单个螺栓的拉拔承载力标准值不小于 0.3 kN。

玻璃纤维网的施工需特别注意阴阳角处的双向绕角搭接，宽度不小于 200 mm。在特定部位如门窗洞口、穿墙洞、勒角、阳台、雨棚、变形缝、女儿墙等，我们需进行翻包处理。玻璃纤维网应铺设在两层聚合物抹面胶浆之间，饰面为涂料时，总厚度控制在 3~5 mm（首层 2~3 mm），饰面为面砖时，总厚度控制在 5~7 mm，确保网格布平整无皱褶、翘边或外露。

通过严格遵守上述施工要点，我们可以确保外墙外保温系统的施工质量和长期性能，从而提高建筑的能源效率和居住舒适度。

（三）外墙外保温质量管理对策

为了提升建筑节能标准和工程质量，政府主管部门应当采取一系列措施以加强市场监管和行业规范。通过提高市场准入门槛，筛选出符合高标准的建筑节能企业，这不仅能够促进整个行业的健康发展，还能有效防止低质低价竞争，保障消费者权益。为此，我们需要建立一套全面的诚信考核机制，该机制将基于企业日常工程检查验收的结果，对企业的诚信度进行动态评估，确保管理责任明确落实。

对于未能达到规定标准的保温施工企业，我们应果断清除出市场，以维护市场秩序和行业信誉。这一举措需涵盖工程建设单位、施工总包单位及监理单位，形成一个全方位、多层次的考核体系，促使各方主体共同遵守诚信原则，提升整体服务质量。

为了实现这一目标，保温施工单位在承揽建筑外墙外保温工程前，需在施工开始前三日内向建设主管部门提交相关资料进行备案登记。此举旨在从源头上把控市场准入，确保参与市场竞争的企业均符合规定的资质要求。具体而言，承担此类工程的施工单位必须满足以下条件：

1. 拥有由工商部门颁发的独立法人营业执照，具备相应的注册资本，以确保企业具备民事赔偿能力。

2. 获得安全生产许可证，同时具备与外墙保温施工相关的专项施工资质。

3. 使用的外墙保温系统需获得省级主管部门颁发的统一编号认定证书，且系统本身须经过省级检测中心的检验，获取合格报告。

4. 定期对管理人员、关键岗位作业人员及特殊工种作业人员进行岗位培训，确保他们持有当地建设行政主管部门颁发的有效岗位证书，无证人员不得上岗作业。

5. 鼓励成立保温企业协会，发挥行业协会的桥梁作用，构建与政府主管部门的沟通渠道，促进行业内部的自律管理和与政府监管的协同效应。

通过实施上述措施，政府能够有效地监督和管理建筑外墙外保温工程的全过程，确保工程质量和安全，推动建筑节能领域的持续进步。

二、隔热屋面的施工质量控制

（一）架空屋面

在进行建筑屋面的架空隔热层施工时，质量控制和要点如下：

高度确定：架空隔热层的高度应根据屋面的宽度和坡度来设定，过低则隔热效果不佳，过高则隔热效果提升不显著。若设计未给出具体要求，建议高度范围在 100 ~ 300 毫米。当屋面宽度超过 10 米时，我们应增设通风屋脊以促进空气流动。

防水层保护：架空隔热制品下的卷材或涂膜防水层需加强，施工时要确保不损伤已完成的防水层，维护其完整性。

材料强度要求：非上人屋面使用的黏土砖强度不低于 MU75，上人屋面的黏土砖强度不低于 MU10，而混凝土板的强度应至少达到 C20，并考虑在板内布置钢丝网片以增强结构。

在质量检查与验收阶段，我们应重点关注：

主控项目：确保架空隔热制品质量符合设计标准，无断裂或露筋等缺陷，这些缺陷会导致隔热层受损，影响隔热性能并对防水层造成潜在威胁。检查时，除了直观观察外，我们还需查验构件的合格证书或相关试验报告。

一般项目：架空隔热制品的铺设需平整牢固，缝隙填充要密实，与山墙或女儿墙的最小间距为 250 毫米，且架空层内部不能有阻碍物，高度和变形缝需遵循设计规范。达到优良标准还需保证铺设边缘整齐，拼接缝均匀且直线，架空层内无杂物。检验方法包括观察和尺量检查，以及利用直尺和楔形塞尺测量相邻制品间不超过 3 毫米的高低差，以防止积水问题。

在施工与验收过程中严格遵守上述规定，我们能够确保架空隔热层既有效隔热又能保护防水层，同时满足结构安全和使用要求。

（二）蓄水屋面

蓄水屋面作为一种隔热技术，通过水的蓄热和蒸发来消耗太阳辐射热量。蓄水深度分为浅蓄水和深蓄水，适合南方炎热多雨地区使用。施工和质量控制要点包括：

1. 防水层的质量要求

蓄水屋面需要具备防水和隔热的双重功能，应采用刚性防水层，或在卷材、涂膜防水层上再增设刚性防水层。所选材料应具备耐腐蚀、耐霉烂和耐穿刺的特性，确保防渗漏。

2. 控制变形拉裂

为适应屋面结构的变形，蓄水屋面应划分为多个蓄水区，每个区域的边长不超过

10 米。设置变形缝时，我们应在其两侧划分为两个独立的蓄水区，超过 40 米的蓄水屋面应设置横向伸缩缝，并设置人行通道以便于清洁和维修。

3. 结构细部的处理

蓄水屋面的排水坡度应较小，溢水口略低于屋面。预留洞口的管道安装完毕后，缝隙需进行密封处理，然后再施工防水层。

4. 细石混凝土浇捣

为保证蓄水区的整体防水性，混凝土应一次性浇筑完成，避免留下施工缝，减少因施工疏忽导致的混凝土裂缝。

质量检查与验收标准包括：

蓄水屋面上的溢水口、过水孔、排水管、溢水管的大小、位置和标高必须符合设计要求，通过观察和尺量进行检查。

防水层施工必须符合设计要求，不得出现渗漏现象。

蓄水屋面需蓄水至设计要求的高度，并静置至少 24 小时。无渗漏现象后，蓄水状态应保持，以防刚性防水层产生裂缝引起渗漏。检查方法是蓄水至规定高度后进行观察。

（三）种植屋面

种植屋面，亦被称为"空中花园"，是在建筑屋面上创建的一片绿色空间，通过铺设轻质介质（如蛭石、珍珠岩、锯末等）替代传统土壤，栽种植物，既美化环境又能有效隔热。这种屋面特别适用于植被覆盖率较低的城市区域，不仅能够改善城市微气候，还能提供生态效益和视觉享受。

质量控制及施工要点主要包括：

1. 防水层的质量要求

防水是种植屋面的核心，我们必须在铺设介质和植物之前做好防水层。防水材料应选用能抵抗腐蚀、碱性介质及植物根系穿透的类型，确保防水层的长期有效性。我们可考虑使用卷材或涂料形成复合防水层，但在柔性防水层之上应增设刚性保护层，以增强防水效果。介质的铺设厚度需符合设计要求，避免过重而增加屋面负担，同时在铺设过程中我们注意不要损坏防水层和保护层。

2. 屋面坡度与排水系统

种植屋面应设计合理的排水坡度（通常为 1% ~ 3%），以促进雨水自然排泄。为防止种植介质被雨水冲刷流失，屋面边缘需设置挡墙，且挡墙底部应预留泄水孔，孔内填充粗砂等滤水材料，确保排水顺畅的同时防止介质流失。

质量检查与验收的重点在于：

挡墙与泄水孔的设计与施工需严格遵守设计规范，不得存在任何堵塞，检查时我们可通过观察和尺量方式进行确认。

防水层的施工质量必须达标，不允许出现任何渗漏。验收时，我们应通过蓄水测试，即蓄水至规定的高度，持续观察，确保没有渗漏发生。

三、节能门窗的施工质量控制

（一）节能门窗安装质量控制

确保门窗安装达到设计的节能要求，这需要总包方与专业分包商共同协作，严格遵循质量控制标准。以下是门窗安装阶段，从两个角度出发，我们所需注意的关键点：

总包方的质量控制重点包括：

确保混凝土埋块的精确布置，上、下边埋块间距 150 mm，左右边埋块间距 400 mm，以保证门窗的稳固安装。

监督门窗洞口的一道水泥砂浆粉刷工作，确保洞口表面平整无缺陷，尺寸准确。

检查修整后的洞口尺寸，对于不同大小的洞口，允许偏差范围分别是：小于 2400 mm 时≤5 mm，2400 mm 到 4800 mm 时≤10 mm，大于 4800 mm 时≤15 mm。

要求使用防水砂浆进行塞缝，推荐由专业队伍施工，以提高密封性能。

确认洞口粉刷时预留的注胶槽口规格不少于 5×6 mm，以便于后续密封作业。

专业分包商在安装过程中的关键控制点涵盖：

只在已修整合格的门窗洞口进行门窗安装，对于洞口偏差大于 10 mm 的情况，我们须先进行水泥砂浆修整。

固定片固定门窗时禁止使用射钉，应采用尼龙膨胀螺钉以增强结构稳定性。

对于拼樘料，我们需设计加长并封堵端口后，确保与结构的有效固定，同时使用紧固件双向紧固拼樘料与组合框，并密封拼接位置。

塞缝发泡剂需在固化前正确填入缝隙，不可事后切割，以免影响气密性和水密性。

注胶前需我们彻底清洁注胶槽口，避免污染密封胶，且不可在涂料面层上直接注胶。

中空玻璃的外层密封胶层厚度应控制在 5~7 mm，确保良好的密封效果。

正确摆放玻璃垫块的承重块和限位块，以支撑玻璃并保持其位置。

所有五金件紧固件均应使用不锈钢材质，并确保每个紧固点都得到紧固，严禁使用铆钉，以防日久松动或锈蚀。

通过这些具体措施，总包方和专业分包商可以协同确保门窗安装质量，满足设计的节能要求，同时提升建筑的整体性能和耐久性。

（二）施工人员管理

为了确保节能门窗的高效安装及优化施工团队的技术水平，施工企业应采取一系列系统性的措施。首先，企业可以组织定期与不定期的节能技术培训，旨在使施工人员持续跟进最新的节能技术和行业动态，这不仅能够提升团队的专业技能，还能激发其对创新技术的热情，促进施工效率和工程质量的双重提升。

在项目启动前，技术人员应深入一线，对参与施工的具体人员进行详尽的技术交底。这一环节至关重要，它涵盖了施工过程中需特别留意的关键控制点，如门窗框架的精确定位、隔热材料的正确填充及密封胶的恰当使用等。为了直观展示施工流程，企业可以利用现代科技手段，例如录制施工示范视频，将整个操作过程清晰记录并回放给施工人员观看。这种视觉化教学方法有助于加深施工人员的理解，确保每一步骤都能被准确执行。

其次，施工企业还应关注施工人员的心理与生理健康。长时间高强度的工作可能导致疲劳累积，进而影响施工精度与安全。因此，合理安排工作与休息时间，营造积极向上的工作氛围，对于预防因身心疲惫引发的错误至关重要。此外，鼓励团队内部沟通，及时解决施工中的困惑与难题，也是保持高质量施工的关键。

最后，施工活动完成后，企业应当组织复盘会议，邀请施工人员共同参与，回顾施工过程，评估质量状况。通过集体讨论，识别施工中的亮点与不足，提炼成功经验，分析失败教训。这样的总结不仅有助于个人成长，也为未来类似项目的实施积累了宝贵的经验数据，形成了一套行之有效的施工管理机制，确保施工团队能够不断进步，适应更高的节能标准与技术挑战。

（三）从选材方面对施工质量进行控制

为确保建筑门窗的节能效果与质量，施工方和政府需协同努力，从材料选择、技术应用到政策引导多方面入手，具体措施包括：

施工方应优先选用具备官方性能标识的门窗材料，这些标识客观反映了产品的遮阳、保温、透光及气密性等关键节能特性，确保其符合国家标准，从而降低质量风险和避免验收障碍，虽然这类产品初期投资较高，但长远来看，其经济效益显著。

在门窗配套件的选取上，鉴于国内外建筑结构差异导致的适用性问题，施工方应依据工程实际需求，考量配件的适配性、生产工艺与材质品质，优选信誉良好、实力雄厚且产品质量有保障的供应商，以保证门窗系统的整体效能。

政府层面，应将建筑门窗性能标识由试行转为强制性要求，禁止无标识产品入市，以此净化市场，确保施工方选用的材料满足节能设计标准。为激励节能门窗的应用，政府可出台奖励政策，如税收优惠或直接补贴，特别是针对高性能但成本较高的门窗产品，如复合型门窗，以减轻消费者负担，推动其普及。

同时，鉴于门窗配套件市场存在的品种局限与质量不一问题，政府应加大对相关技术研发的投入，鼓励企业开发更多种类、高品质的五金配件，满足多样化门窗体系的节能需求，提升整体建筑节能水平。

综上所述，通过施工方的谨慎选材与政府的有力政策支撑，我们可有效促进节能门窗市场的健康发展，实现建筑节能目标。

参考文献

[1] 卢明奇. 土木工程施工 [M]. 北京：北京交通大学出版社，2023.

[2] 宁宝宽，白泉，黄志强. 土木工程施工 [M]. 北京：化学工业出版社，2023.

[3] 郭正兴，李金根，李维滨. 土木工程施工 [M]. 3 版. 南京：东南大学出版社，2023.

[4] 史劲. 土木工程施工技术 [M]. 湘潭：湘潭大学出版社，2023.

[5] 熊跃华. 土木工程施工组织与管理 [M]. 武汉：武汉大学出版社，2023.

[6] 田雨泽，闫明祥. 土木工程施工技术与组织 [M]. 北京：冶金工业出版社，2023.

[7] 李惠玲. 土木工程施工技术 [M]. 4 版. 大连：大连理工大学出版社，2023.

[8] 张辉，崔团结，刘霞. 土木工程施工与项目管理研究 [M]. 哈尔滨：哈尔滨出版社，2023.

[9] 宋永发，窦玉丹，李静. 现代土木工程施工专项技术 [M]. 北京：机械工业出版社，2023.

[10] 丁绍刚. 土木工程施工与项目管理研究 [M]. 长春：吉林科学技术出版社，2023.

[11] 王浩宇. 土木工程施工与项目管理分析研究 [M]. 汕头：汕头大学出版社，2023.

[12] 刘俊岩，应惠清，刘燕. 土木工程施工 [M]. 北京：机械工业出版社，2022.

[13] 杜向琴. 土木工程施工组织与管理 [M]. 北京：北京理工大学出版社，2022.

[14] 赵平. 土木工程施工组织 [M]. 2 版. 北京：中国建筑工业出版社，2022.

[15] 黄丽芬，余明贵，赖华山. 土木工程施工技术 [M]. 武汉：武汉理工大学出版社，2022.

[16] 殷为民，张正寅. 土木工程施工组织 [M]. 2 版. 武汉：武汉理工大学出版社，2022.

[17] 梁栋，谢平，周汉国. 土木工程建设项目施工监理实务及作业手册 [M]. 成都：西南交通大学出版社，2022.

[18] 王福增，何立洁. 土木工程制图与施工图识读 [M]. 2 版. 北京：科学出版社，2022.

[19] 张文倩，苗美荣，郑馨泽. 土木结构设计原理与工程项目管理 [M]. 长春：吉林科学技术出版社，2022.

[20] 曹明. 建筑与土木工程系列建设工程项目管理 [M]. 2 版. 北京：清华大学出版社，2022.

[21] 张猛，王贵美，潘彪. 土木工程建设项目管理 [M]. 长春：吉林科学技术出版社，2021.

[22] 胡利超，高涌涛. 土木工程施工 [M]. 成都：西南交通大学出版社，2021.

[23] 张泽平. 土木工程施工 [M]. 1 版. 天津：天津科学技术出版社，2021.

[24] 郭霞，陈秀雄，温祖国. 岩土工程与土木工程施工技术研究 [M]. 北京：文化发展出版社，2021.

[25] 屈青山，马淑欣，程希莹. 土木工程施工 [M]. 北京：北京航空航天大学出版社，2021.

[26] 徐伟. 土木工程施工 [M]. 武汉：武汉理工大学出版社，2021.

[27] 闵小莹. 土木工程施工 [M]. 2 版. 大连：大连理工大学出版社，2021.

[28] 申琪玉. 土木工程施工 [M]. 3 版. 北京：科学出版社，2021.

[29] 王利文. 土木工程施工组织与管理 [M]. 1 版. 北京：中国建筑工业出版社，2021.

[30] 郑少瑛，周东明. 土木工程施工组织模块 [M]. 天津：天津科学技术出版社，2021.

[31] 刘将. 土木工程施工 [M]. 西安：西安交通大学出版社，2020.

［32］苏德利. 土木工程施工组织［M］. 武汉：华中科技大学出版社，2020.

［33］陶杰，彭浩明，高新. 土木工程施工技术［M］. 北京：北京理工大学出版社，2020.

［34］郭正兴. 土木工程施工［M］. 3版. 南京：东南大学出版社，2020.

［35］陈大川. 土木工程施工技术［M］. 长沙：湖南大学出版社，2020.

［36］刘成才，南大洲. 土木工程施工［M］. 西安：西北工业大学出版社，2020.

［37］杨国立. 土木工程施工［M］. 北京：中国电力出版社，2020.

［38］穆静波，侯敬峰. 土木工程施工［M］. 北京：中国建筑工业出版社，2020.

［39］赵学荣，陈烜. 土木工程施工［M］. 2版. 北京：清华大学出版社，2020.

［40］殷为民，杨建中. 土木工程施工［M］. 2版. 武汉：武汉理工大学出版社，2020.

［41］郑建锋. 土木建筑工程项目管理知识研究［M］. 西安：西北工业大学出版社，2020.

［42］天琼. 土木工程施工项目管理理论研究与实践［M］. 成都：电子科技大学出版社，2020.